新时代乡村振兴丛书

倪耀源　吴素芬◎编著

荔枝
优质丰产栽培技术图说

南方传媒　广东科技出版社
全国优秀出版社
· 广州 ·

图书在版编目（CIP）数据

荔枝优质丰产栽培技术图说 / 倪耀源，吴素芬编著. —广州：广东科技出版社，2024.6
（新时代乡村振兴丛书）
ISBN 978-7-5359-8206-3

Ⅰ. ①荔… Ⅱ. ①倪…②吴… Ⅲ. ①荔枝—果树园艺 Ⅳ. ①S667.1

中国国家版本馆CIP数据核字（2024）第014309号

荔枝优质丰产栽培技术图说
Lizhi Youzhi Fengchan Zaipei Jishu Tushuo

出 版 人：严奉强
责任编辑：尉义明　于　焦
封面设计：柳国雄
责任校对：李云柯
责任印制：彭海波
出版发行：广东科技出版社
　　　　　（广州市环市东路水荫路11号　邮政编码：510075）
销售热线：020-37607413
https://www.gdstp.com.cn
E-mail：gdkjbw@nfcb.com.cn
经　　销：广东新华发行集团股份有限公司
排　　版：创溢文化
印　　刷：广州市东盛彩印有限公司
　　　　　（广州市增城区新塘镇太平洋工业区十路2号　邮政编码：510700）
规　　格：889 mm×1 194 mm　1/32　印张5.375　字数120千
版　　次：2024年6月第1版
　　　　　2024年6月第1次印刷
定　　价：30.00元

　　倪耀源教授夫妇长期从事果树学的教学、科研和推广工作，曾任广东省荔枝科技协作组组长和全国荔枝科研协作组副组长，主编过《荔枝栽培学》《丹荔园》等荔枝方面的专著。倪耀源教授是农业部（现农业农村部）颁布现行的行业标准《荔枝》（NY/T 515—2002）和《龙眼》（NY/T 516—2002）的主要起草人之一。他们在耄耋之年努力把一生累积的荔枝栽培知识、经验通过这本著作展现给大家。这体现了倪教授夫妇深厚的专业情怀，这本著作将有利于把他们宝贵的荔枝栽培经验一代又一代传承下去。

　　倪耀源教授在谈起他研究荔枝生长发育规律时讲到一个例子。1961—1966年，他在学校三区果园，连续5年，在荔枝开花期间，每天都定时观察和记录（定点样本），没有懈怠过一天。这样沉得住气，这样深地扎根一线观察，确实令人感动。正是倪耀源教授这种坚韧而务实的精神，使他累积了丰富的荔枝栽培经验。很长一段时间，他都是广东乃至我国荔枝栽培领域的骨干。1988年，他在广东东莞推广荔枝栽培方法时，应邀写了一本通俗的《广东荔枝生产技术问答》，截至1996年8月重印11次，发行14万余册。倪耀源教授在基层辅导农民和技术人员时，摒弃了一地一策或一场一策的做法，细致入微地做到一树一策。考虑到荔枝栽培方法需要因树而异，他在荔枝园中对不同的荔枝树逐一观察，并针对荔枝树的树龄、树势、枝条等情况，分别提出具体的修剪造型、施肥用水、花量控制、老树复壮、嫁接育苗等方法，这让各地农民受益匪浅。倪耀源教授告诉我一个故事，当年一位化州果农听了他讲的课，照着去落实措施，翌年果园的糯米糍长势很好。收获第一批荔枝果实之后，他坐了一个晚上的客车，赶了500千米路，一大早到学校，找到倪耀源教授的家，送上从树上采下的第一批新鲜荔枝，以表感谢。真希望倪耀源教授与果农这样动人的事迹能够代代相传！

这本《荔枝优质丰产栽培技术图说》不同于一般的荔枝栽培技术图书，它采用了更加贴近实践的章节编排，形式上通过选配大量图片，辅以具体文字解释，更好地传递了累积多年的丰富经验。

感谢两位老先生致力于我国果树研究领域，在人才培养、产业及学科发展方面作出的贡献。

2023年8月

序二

Xu er

荔枝原产于我国，品种资源繁多，栽培经验丰富，在我国果树业中占有重要位置，是广东四大果树之一。据报道，在《广东荔枝产业高质量发展三年行动计划（2021—2023年）》中，广东要求把荔枝打造成品质与口碑俱佳的农业"金字招牌"，并且提出调整优化荔枝生产结构等13项措施，以便到2023年，实现全省形成全球最具有竞争力的优势产业带，以及把广东打造成世界荔枝产业中心、交易中心、文化中心的目标。可见荔枝产业的发展工作任重而道远。

《荔枝优质丰产栽培技术图说》作者之一的倪耀源教授，60年来主要从事果树栽培的教学、科研及生产技术推广工作，是目前国内极具影响力的荔枝学研究专家之一。他突出的特点是研究的时间长且深入，研究方向明确，研究态度认真、严肃、专注，重视理论与实践结合，善于将实践经验总结提升为基础理论知识，然后将理论应用于指导生产实践，促进产业的发展。

本书与传统的荔枝栽培方面的图书撰写方法不同，主要突出生产中的关键环节，指出荔枝树的一生和结果树的一年中其生态生理及其与栽培措施的关系。作者曾于1990年将荔枝树的生长规律划分为四个发育阶段，后又基于生产实际提出五个时期，根据不同时期的生长状态，栽培上采取相应的技术措施，如对老弱树的回缩更新。在结果树的管理中，作者根据广东30年（1952—1981年）荔枝丰歉状况进行分析，认为最广泛、最基本的影响因素是结果母枝的生长状况。之后，其在荔枝产区栽培技术的普及内容和印刷资料中，首次将传统的"春、夏、秋、冬"管理工作历改为"秋、冬、

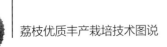

春、夏"的年周期管理体系，即促秋梢、控冬梢、壮花、保果，明确强调应以培养结果母枝为基础，一环扣一环开展管理工作。实践证明该技术实际效果甚佳。

《荔枝优质丰产栽培技术图说》图文并茂，其中不少照片在果园或研究室中不易获得，对荔枝生产实践和理论研究很有参考价值。

欧阳若

2023年7月

前言

Qianyan

　　荔枝种质资源丰富，栽培面积大，产量高，技术先进，科研内容深广，与此同时，荔枝栽培的单位面积产量低而不稳定，存在较多尚需解决的问题。

　　笔者从事荔枝栽培的研究始于1961年。先后在校内、校外开展专题和生产综合措施试验。早期在东莞茶山人民公社茶坑生产队进行怀枝丰产试验3年，公社曾在试验园召开3次丰产现场会议。后又与横沥镇农办合作，在田饶步村设点指导，时间长达11年，其中5年承担省重点课题"大面积（1 600亩，亩为非法定计量单位，1亩≈666.67平方米）糯米糍荔枝丰产稳产研究"，获广东省高等教育厅研究成果一等奖。多年来先后应邀在广东、广西、海南等省区举办30多个荔枝栽培培训班，并与果农深入交流。

　　在一年中，结果树从花芽分化到果实采收，需要占用大半年时间，这段时间内树体主要处于营养消耗状态。果实收获后，树体恢复营养生长，时间只有小半年。其间营养生长和生殖生长的关系复杂多变。所以，栽培者必须尽可能地了解树体的特性，并依此采取相应措施，才能取得低成本、高效益的成果。

　　本书插入大量照片，以助读者加深对有关栽培问题的了解。全书共分四个部分，分别描述了荔枝的繁殖与嫁接、荔枝树的生长规律、结果树的周年管理、荔枝生产回顾与展望。本书不是荔枝栽培的全面论述，只是笔者认为在栽培中存在的一些重要问题，提出来与同行商榷。本书的编写，得到了华南农业大学原校长骆世明和园艺学院原院长欧阳若的指导并为之作序，广东省荔枝协会原会长王泽槐指导并提供大量照片，同时承担了大量文字整理工作；几十年

的荔枝科研工作，还得到罗启浩、吴定尧、季作梁、林伟振、陈小梅、曾莲、陈衬喜、李楚彬、周北沛、洪仕廷等老师、同行和广大果农的指导和帮助，本书出版得到华南农业大学园艺学院资助，在此，一并表示衷心感谢。由于我俩已年届九旬，各方面能力都跟不上现代科技的迅速发展，有错之处，敬请读者指正和体谅。

倪耀源　吴素芬

2023年9月

目 录

一、荔枝的繁殖与嫁接

荔枝的繁殖有实生、压条（圈枝）、嫁接等方法。在自然条件下，荔枝树通过成熟的种子落地后萌芽生长成为下一代。古时种果者采用的就是这种简单的种子繁殖方法，此法现称为实生繁殖法，用此法育成的苗木，称为实生苗，实生苗长大的树称实生树。实生树达到开花结果所需的时间较长，且有很大的变异性，原来母树的优良性状不容易被后代保留下来，现在除育种等特殊需要外，一般只作砧木（砧）使用。

荔枝种苗的培育始于6世纪，由实生繁殖进步到压条繁殖，也称无性繁殖。当时用的是壅土低压，到12世纪压条技术有了新的发展。据张世南《游宦纪闻》（1233年）载："二十年来始能用掇树法取品高枝壅以肥壤，包以黄泥，封护惟谨，久则生根，锯截移种之，不逾年而实自是愈繁衍矣。"文中所指的"掇树法"，现俗称圈枝、空中压枝。荔枝使用无性繁殖苗，既能保持母树优良性状，又能提早开花结果。

到了明代，荔枝的育苗技术又有了新的进步，从自体的圈枝发展到异体的嫁接，始见于徐勃《荔枝谱》（1597年）："接枝之法，取种不佳者，截去原树枝茎，以利刀微启小隙，将别枝削针插固隙中，皮肉相向，用树皮封系，宽紧得所，斟酌裹之，凡接枝必待时暄，蓄欲藉阳和之气，一经接挬，二气交通，则转恶为美矣。"嫁接对改良劣质荔枝树起到良好作用，但此法操作技术要求较高，费时费工，难以普及应用。故圈枝育苗法仍在荔枝繁殖中得到广泛的应用。

20世纪70年代，荔枝的嫁接技术有了历史性的突破，在实生幼苗上采用枝接（包括合接、切接等）的方法取得成功，现已在生产中普及使用，对优质荔枝的传宗接代，以及苗木的大量繁殖起到重要作用。

（一）实生砧嫁接苗的培育

1. 实生苗培育

荔枝是种子淀粉含量较高的果树，其淀粉含量高达37%。荔枝果实采收期正值夏秋季之间的高温期，若种子经堆积发热，胚芽受伤，淀粉变质，则丧失发芽力。所以，在大量种子装车运输时，忌堆积时间过长，行车过程中，尽可能做到每隔一定时间，往种子中淋水降温，防止闷坏种子。

荔枝种子极不耐干燥，取出后绝对不能在阳光下暴晒。离开果肉的种子，在干热天气条件下，露置室内1～2天可发现种皮光泽减退，经5～6天，则全无光泽，种皮皱缩，失去发芽能力。所以，经长途运输的种子，到达目的地之后，应尽快播种或沙藏。最好是在当地随收集随播种，或收集后作催芽处理。

荔枝种子保存的方法：常用沙藏，即将种子与细沙（含水量约5%）按1份种子、3份沙的比例均匀混合，堆高40厘米左右，用塑料薄膜封盖保湿，约4天后，种子露出胚根（图1–1），即可取出播于苗圃地。

少量种子可放入塑料薄膜袋中贮藏。据试验，将荔枝种子表面晾干后，放入塑料袋中，扎紧袋口，以后每隔数天，抹干附于塑料袋上的水滴，并翻动种子，经120天，种子仍有100%的发芽率，可见温度和湿度对保存种子极为重要。

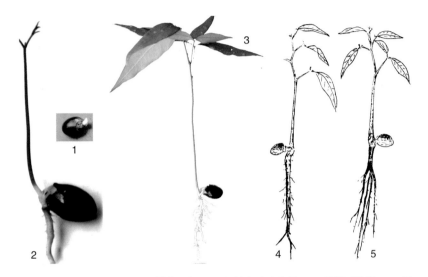

1—种子萌芽；2—胚根和嫩芽生长；3—胚根和叶片生长；4—胚根不剪断；5—胚根被剪断。

图1-1 种子萌发生长

（1）正常生长的实生苗

①播种及播后管理：播种行株距可按（10～15）厘米×（5～8）厘米，每亩播种125～200千克，即5万～8万粒，若提早到幼苗第一次新梢老熟即移植，则可以播得更密些。

播种时先按行株距开好播种沟，沟深2～3厘米，按原定株距将种子放入沟中，然后盖土，或盖腐熟土杂肥。盖土厚度1.5～2厘米，再盖草淋水。

播种后的管理工作主要是保持土壤湿润，若淋水不足，畦面过干，易导致种子迅速干燥死亡。幼苗出土后可逐渐揭去盖草，并搭棚遮阴，遮光率约70%，以防烈日灼伤嫩苗。幼苗真叶转绿后，可开始薄施水肥，每月1次。秋末施入土杂肥，停止施水肥，防止抽出冬梢。冬季低温期间，最好用塑料膜防寒保温。每次新梢萌发，注意喷药防虫。

②分床移栽：幼苗在播种圃生长至一定时间，需要分床移栽。移栽时间在播种后的翌年春季即3—4月进行。也有在幼苗第一次新梢老熟后移栽，这时幼苗还与种核连接在一起，种核内尚有营养可供利用，移栽成活率高。

移栽时苗木应按大小分级种植，并适当修剪过长主根和枝叶（图1-2）。

1—分级移栽实生苗；2—揭除保湿、保温塑料膜。

图1-2 正常生长的实生苗

移栽行株距一般15～20厘米，每亩约植1万株，植后即淋足定根水，并注意保持土壤湿度。萌发第一次新梢老熟后，即可开始施肥。以后保持薄施勤施。苗木主干15厘米以下萌发的侧芽要及时抹除，以利于集中养分增粗苗干。当苗干直径在0.8厘米以上时，便可进行嫁接。

（2）非正常生长的实生苗

部分实生苗出土后会出现非正常生长的现象（图1-3）。荔枝幼苗顶枯病指的是荔枝播种出土后不久发生的顶芽枯萎和苗基折腰。

图1-3 实生苗生长不正常

由于顶芽枯萎，使幼苗基部腋芽萌发1～2条幼茎，若再发生顶枯，则形成丛状苗，这种幼苗苗茎纤细，不能达到正常嫁接的要求，将给苗圃管理增加很多麻烦。

荔枝幼苗顶枯是一种由于局部高温引起的生理病害。在夏季高温，种子发芽后，幼茎及嫩叶受到来自土壤和覆盖物的高温影响而导致灼伤，若受伤进一步加剧，便会发生顶枯或折腰。这种伤害又因有无覆盖物及覆盖方法不同而有差异。故夏季播种既要做好遮阴降温工作，也要做好早晚淋水降温工作，特别是早上要充分淋透，以保证苗木健壮生长。

2. 优良接穗（穗）选择和贮藏

接穗的优劣关系苗木种植成长后的产量、品质、抗逆性及适应性等，应认真选择。

优良接穗必须是品质优良、品种纯正、丰产、稳产，利于嫁接成活的。因此，接穗应从优良纯正、树体壮健、丰产优质的结果树上选取，选择树冠外围中上部充分接受阳光的枝条，芽眼饱满、皮身嫩滑、粗度与砧木相近或略小，顶梢叶片已转绿老熟，未萌芽或刚萌芽的一、二年生枝条，无明显的病虫害。剪下后立即剪除叶片，用湿布包好，便可供嫁接。

荔枝接穗不耐久贮，最好采下后立即嫁接。如因故确需短期保存，可将接穗用湿润细沙、木糠或苔藓等埋藏，上盖塑料薄膜。短途运输可用浸湿后扭干的优质草纸包裹或用湿润木糠（或椰糠）埋藏，外层再包以塑料薄膜，途中注意检查，防止过干、过湿、发热。嫁接前放于通风阴凉处。

3. 嫁接步骤和时间

嫁接步骤见图1-4。

在广东，荔枝几乎全年都可进行嫁接，但最适宜枝接的时间为春季2—4月及秋季9—10月，芽接宜在4—10月进行。选择嫁接时间，主要考虑下列几方面。

①砧木粗度：砧木剪顶后，接口粗度最好达到0.8厘米，并且在新梢已老熟或处于将萌发时进行。砧木粗度小，虽也能接活，但成活后生长缓慢。新梢老熟及将要萌发是营养积累较高和树液流动

好的表现，有利于嫁接愈合。

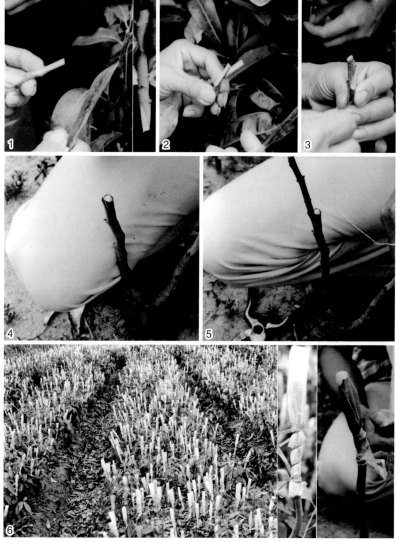

1—削接穗；2—削砧木；3—削好的接穗；4—削好的砧木；5—将接穗放在砧木上；6—缚好后用塑料膜包扎。

图1-4 实生砧嫁接步骤

②接穗成熟度：接穗充分成熟，并处于将要萌芽或刚抽新梢时，营养水平最高，形成层细胞生长活跃，接穗和砧木接合后由于双方都处于最佳生长状态，所以容易愈合成长。

③气候条件：温度过高，由于蒸发量大，接穗易干枯，或嫁接后气温低，不利于愈合及新梢生长，如7—8月和12月至翌年1月，在没有遮阴或保暖的条件下，一般都不在这两个时间段进行嫁接。

4. 影响嫁接成活的因素

影响嫁接成活的因素主要有四个方面。

①亲和力：荔枝不同品种间嫁接，亲和力表现颇不一致，哪些砧穗组合具有最好的亲和力和最高的经济性状，还缺乏系统、全面的研究。初步经验认为，怀枝作砧木，与多个品种亲和良好，接活率高，接后生长正常。

②砧木和接穗质量：进行细胞分裂，形成愈伤组织需要营养和保持旺盛的生命力，所以双方营养充足，接穗新鲜，富有生活力的，接活容易，反之难接活。荔枝枝条淀粉含量低，是嫁接成活困难的原因之一，增加枝条养分积累可以提高接活率。

③环境条件的影响：A. 温度，愈伤组织需在一定的温度条件下才能形成，温度过高或过低，都会影响愈伤组织形成速度和形成量，一般认为在20~30℃能较好愈合，故可嫁接时间虽长，但并不是全都为最适期。B. 湿度，愈伤组织由薄壁细胞组成，形成愈伤组织本身需要一定的水分，而且接穗只有在一定湿度之下，才能保持生活力，湿度过低接穗会迅速干死。

④其他因素影响：伤流液、树胶、单宁等物质，对愈合成活有不利影响。荔枝枝条含单宁物质，遇到空气中的氧，发生氧化缩合反应，形成高分子的黑色浓缩物，严重影响细胞呼吸；单宁复合物与细胞内构成原生质的蛋白质接触，还可产生蛋白质沉淀，出现原生质颗粒化现象，使切削面形成的隔膜增厚，给愈合成活增加困

难。枝条的形成层不规则，对砧穗的愈合和输导组织连通也有不利影响，要设法减少这种影响。

5. 嫁接后管理

①检查成活、补接：嫁接后30～40天，要检查是否成活，未成活的及时补接。

②及时剪除砧顶：采用补片芽接和腹部枝接等接法，嫁接时砧木未剪去顶部，在检查成活后7～10天，接芽仍然活着的，便可剪断砧木顶部，消除顶端优势的抑制，加速接穗的萌芽生长。如砧苗较小，尤其接位以下无保留叶片的，最好分次断砧，第一次只横断约2/3，保留1/3与下部相连，并将半断部分向下压，使其弯倒在畦面上，叶片继续制造养分供应砧根和接穗萌芽生长，接芽新梢叶片转绿后才将砧顶彻底剪断。

③解缚：嫁接时加套薄膜袋或反折薄膜筒密封时，在接穗芽萌发后，要剪穿顶部，使新梢顺利生长。缠缚固定接合部和兼起密封作用的薄膜带，则在新梢老熟后，从侧边切开解除（图1-5）。

图1-5　嫁接成活后，松开保护物利于嫩梢萌发

④抹除砧芽：剪顶后的砧木，常有砧芽萌发，与接穗抢夺养分，应随时抹除，使养分集中供应接穗生长。

⑤肥水及其他管理：接穗萌发的第一次新梢老熟后（图1-6），即可开始施肥，以后每次梢期施1～2次肥。旱时灌水，涝时排水，防止过干过湿。如有虫害，应及时灭虫。加强对幼苗的保护（图1-7、图1-8）。

图1-6　接穗萌发的新梢正处于老熟中

图1-7　喷药保护幼苗

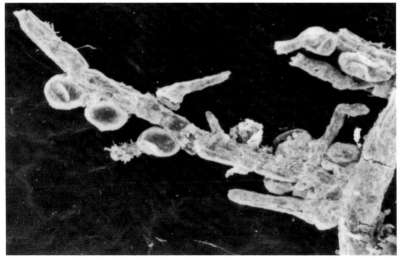

图1-8　实生苗根部着生的根瘤菌

⑥整形：苗高30～40厘米时进行修剪、摘顶，促使中上部多分枝，然后选留3～4条分布均匀的壮枝将其培养为主枝。

东莞市苗圃场、东莞大朗果苗场等通过荔枝育苗试验，首次取得荔枝实生苗嫁接成功（图1-9、图1-10）。

图1-9　苗木出圃

图1-10　待运嫁接苗

（二）圈枝苗的培育

1. 压条时间和方法

圈枝育苗是将计划与母树分离的枝条，进行环状剥皮，这样枝条通过木质部，能继续获得母树根系运送的水分和养分，叶片合成的碳水化合物和生长素积累在环剥口的上方，使呼吸作用加强，并增强了过氧化氢酶的活性，促进细胞分裂和根原体形成，长出不定根，并伸长生长于生根基质中。

荔枝圈枝育苗几乎全年都可进行，但以2—4月较佳。此时气温逐渐回升，雨水渐多，荔枝进入旺盛生长活动期，剥皮操作容易，圈枝后发根、成苗均快，在盛暑落树假植，成活率较高。圈枝的枝条应选自果实品质优良、丰产稳产、生长壮健的树，枝龄2～3年，环状剥皮部位径粗1.5～3厘米，枝身较平直，皮光滑无损伤，且能接收到阳光的斜生或水平枝条。具体操作方法如下。

图1-11　环割和剥皮两用刀

①环状剥皮：在入选枝条适宜包裹泥团的部位环割两刀（可使用环割和剥皮两用刀，图1-11），割口相距约3厘米，在其间纵切一刀，深度仅达木质部，然后将两割口之间的皮层剥除，刮净附在木质部表面的形成层，并让枝条剥皮口裸露2～3周（图1-12）。

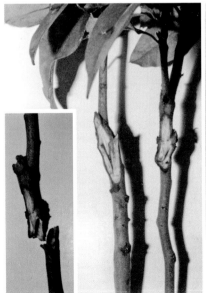
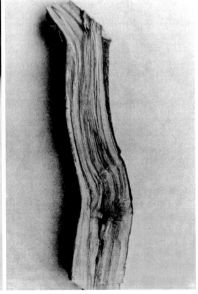

图1-12　砧穗1年后的愈合情况

②包裹生根基质：凡能通气、保湿、有营养的材料都可用作生根基质。常用的有椰糠、木糠、稻草、牛粪等混合肥泥，也有用疏松园土加入牛粪或磷钾肥。椰糠、木糠等可混入约1/2的肥沃泥土，加水充分混合均匀，至其被紧握掌中时手指缝略有水渗出即可。然后用长40～45厘米、宽28～33厘米的塑料薄膜包扎泥团。先将薄膜一端缚紧于圈口下端，使其呈圆筒状，然后填入生根基质，边填边压实，最后缚紧上端即可（图1-13）。

为了促进圈枝枝条早发根、多发根，可在包裹生根基质之前，在上圈口及其附近涂上0.5%吲哚丁酸，也可涂0.05%～0.1%吲哚乙酸或萘乙酸。

2. 注意事项

在生产上，有不少圈枝苗定植或假植后"回枯"率很高。据调查，其主要原因是苗木生根量少，且分布不均匀，而造成根少、分布不均的重要因素是生根处的营养积累水平低。从调查中发现，环剥口附近生根处皮层有瘤状突起的圈枝苗根量较多，分布也较均匀；反之，环剥口附近生根处皮层较平的圈枝苗，根量少而短细，分布不均。有些果农在圈枝育苗时，环状剥皮后随即包上生根基质，虽然也能生根，但因发根时营养水平低造成根量少。所以要使圈枝苗生根良好，其关键措施是枝条环状剥皮后再过20天至1个月，让环剥口附近生根处产生瘤状突起，积累较多养分，利于产生粗壮和量多的新根，这种苗木锯离母树后定植或假植，成活率就较高。如果在上述瘤状突起处再涂上0.5%吲哚丁酸，或涂上0.05%～0.1%吲哚乙酸、萘乙酸，根系生长会更佳。

3. 锯离母树

60～80天后，见细根密布，即可将苗木从母树上锯下，锯口位置在贴近泥团下方，并注意保护好根系。随即剪去大部分枝叶，再将苗木放入水中，使泥团吸水防止过分干燥影响成活。然后按一定

1—环割并剥除皮层；2—皮层未剥除干净，伤口愈合组织继续生长；3—用"泥蛇"包扎；4—用塑料膜包裹生根基质。

图1-13 圈枝育苗

数量缚扎成捆待运（图1-14、图1-15）。

剥后立即包扎生根基质，生根部位营养不足，生根量少且分布不均，定植后幼年树死亡率高。

图1-14　较理想的圈枝苗

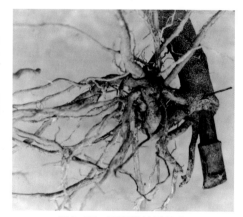

图1-15　不理想的圈枝苗

（三）不同繁殖方法对幼年树生长的影响

1. 幼年树生长状态的调查

①根群的分布状况受繁殖方法的影响极大，在相对一致的条件下，糯米糍嫁接苗根生长深而狭窄（图1-16），怀枝圈枝苗根浅而分布广，大部分根分布在5～25厘米的土层中（图1-17）。

②据对两植株的分析，根、干、枝、叶等组织的三大元素中都以钾的含量最高，而以往对幼年树的施肥，通常以氮为主，磷、钾次之，宜做适当调整，特别是准备开花结果的果园，更需钾肥的供应（表1-1、表1-2）。

③同一物候期，怀枝植株淀粉转化为糖比糯米糍植株早，初步认为该现象与根群的分布有关，前者比后者更具开花结果条件。研究认为建立适当密植、早产果园，对选择优质圈枝苗有益。

④两植株已分别定植一年半和两年半，枝梢分枝已达5～7级，每株单叶分别达2 404片和3 995片，全部都是功能叶，具较好的光

合效能，后者可率先进入试产期。

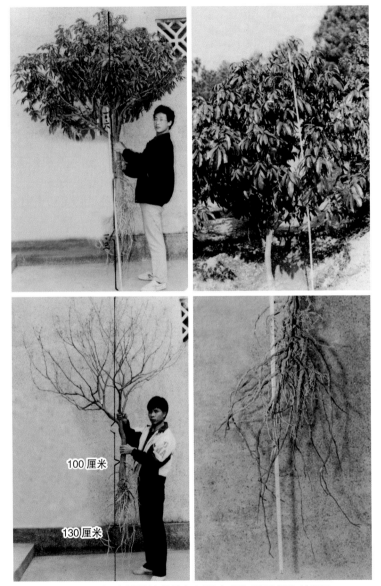

100 厘米

130 厘米

图1-16　糯米糍嫁接苗幼年树地上部与地下部生长状况

注：嫁接苗根系深生，水平分布较狭。

荔枝优质丰产栽培技术图说

图1-17 怀枝圈枝苗幼年树生长状况

注：大部分根分布在5～25厘米土层中。

表1-1　糯米糍幼年树主要营养物质含量测定（1991年2月12日取样）

树体各部分	还原糖/%	总糖/%	淀粉/%	N/%	P/%	K/%
吸收根	6.42	5.15	7.73	—	—	—
疏导根	5.68	5.73	15.35	0.79	0.015	1.93
主干	3.79	2.73	14.46	0.70	0.005	1.93
一级枝	5.29	1.74	14.99	0.69	0.016	2.01
二级枝	6.03	1.02	13.61	0.79	0.024	1.38
三级枝	5.56	2.98	15.57	0.86	0.020	1.76
四级枝	4.88	2.14	16.25	0.73	0.028	1.65

（续表）

树体各部分	还原糖/%	总糖/%	淀粉/%	N/%	P/%	K/%
五级枝	4.89	3.14	14.56	1.15	0.073	1.55
六级枝	6.19	3.79	8.06	0.82	0.028	1.48
末级枝	6.01	6.92	7.43	1.30	0.073	3.54
复叶柄	3.14	9.14	8.59	1.25	0.094	3.52
秋梢叶片	3.98	3.10	6.82	2.06	0.076	2.42
秋梢基枝叶片	2.19	1.93	5.78	2.14	0.082	3.34

糯米糍幼年树全株总鲜重约5 967克，水分2 787克，干重占53.3%，水分占46.7%；各部分占干重的情况：根858.3克，占27%；主干362.8克，占11.4%；枝1 318.4克，占41.5%；叶640.6克，占20.1%。

表1-2　怀枝幼年树主要营养物质含量测定（1991年2月12日取样）

树体各部分	还原糖/%	总糖/%	淀粉/%	N/%	P/%	K/%
吸收根	10.23	15.52	1.06	1.15	0.04	1.15
疏导根	6.02	14.00	6.62	0.68	0.03	1.31
主干	7.57	15.82	3.51	0.80	0.05	1.50
一级枝	7.55	14.32	3.06	0.82	0.07	1.60
二级枝	6.95	11.38	2.40	1.10	0.12	1.49
三级枝	7.16	11.19	2.87	1.15	0.19	1.86
四级枝	9.22	12.31	4.01	1.31	0.14	2.29
末级枝	6.99	16.13	2.71	1.32	0.12	3.39
复叶柄	5.76	15.48	1.76	1.30	0.12	2.74
秋梢叶片	5.25	5.73	8.94	1.82	0.08	3.02
秋梢基枝叶片	4.45	3.87	7.84	2.01	0.10	2.34

怀枝幼年树全株总鲜重1 945克，其中单叶733克，含水量46.3%；地上部枝干鲜重951克，含水量44.3%；根部鲜重261克，含水量49.8%。

以上数据表明，幼年树树体结构、理化性状与繁殖方法密切相关。

2. 荔枝苗木出圃规格

1965年，广东曾拟过荔枝苗出圃规格草案（表1-3）。目前看来，已显得不够全面，尤其近年大量采用嫁接育苗，苗木良莠差别更大，不少地方误植劣苗，给生产造成很大损失。初步认为，优良荔枝苗应具备下述条件。

表1-3　荔枝苗出圃规格草案

种类	级别	苗高/厘米	径粗/厘米	主枝数/条	生长情况	备注
嫁接苗	1	>60	1.5	3～4	主干直立，根系强，生长健壮	不得带有病虫害
	2	45～60	1～1.5	3～4	生长正常	有病虫害枝叶应剪除并消毒后方准出圃
圈枝苗	1	>55	>2.5	3～4	生长健壮，根系壮旺，分布均匀	同上，主干高35厘米以上，15片复叶以上
	2	45～55	2～2.5	3～4	生长及根系正常	同上，主干高30厘米以上

（1）嫁接苗

①砧穗亲和，嫁接部上下发育均匀，皮平滑，两次梢发育正常，没有茎部肿大、粗皮、解缚过迟导致的薄膜带绞缢苗干，以及新梢短弱、叶黄化等不良情况。

②嫁接位置不宜过高，以10～20厘米为宜，最高不超过35厘米。

③嫁接部接合面积大，接口愈合牢固。

④苗期已定干整形，具有一级以上分枝。主干高30厘米左右，有3～4条一级分枝。

⑤枝干粗壮，芽饱满，根系发育良好。

（2）圈枝苗

①根量多且分布均匀，应长出两次根以上才能落苗。

②枝条粗壮，皮平滑，无病虫或其他寄生物附着。

③落树后泥团完整不散，根系无损伤。假植苗应有两次梢老熟。

（四）荔枝的嫁接换种

1. 大枝干镶接换种

镶接（嵌接）操作复杂，效率低，很少用于大面积的小苗嫁接，一般只用于多年生大砧嫁接或大树高接换种（图1-18）。在2—3月抽梢前或5—7月新梢老熟后，采用没有结果的枝条作接穗。采果后15天内树势未恢复，枝条营养差，宜暂停取接穗。具体方法如下。

图1-18 镶接换种接穗

①锯砧、开接口：幼年树一般在齐胸高（成年人）主枝适当部位锯去顶部，大树高接换种可以更高，在径粗为3~4厘米的大枝上方便操作的部位锯断，锯口下至少要有15厘米比较平直光滑的枝干，接位下方还要留1~2条枝作为"去水枝"，以防接后水分从嫁接口涌出，影响嫁接成活（图1-19）。

开接口时，用刀或凿在断面平滑一侧开一上宽下窄、外宽内窄的近似三角形的凹槽，两边削去一样多，使形正、平滑。切口长5~6厘米（图1-20）。

荔枝优质丰产栽培技术图说

图1-19　锯除嫁接位上部枝条

图1-20　砧木开接口

②削接穗：一般用芽眼充实饱满的二年生或三年生枝，长9～12厘米，在基部两侧削一切面，其长度及宽度与砧木接口相对应，基端向内一侧再削一稍大斜面，使接穗易于嵌入接口，基部外侧削一小斜面，现出形成层，以利于观察砧穗形成层是否对准。一边削接穗，一边与砧木接口比对，直至把双方削至形状及大小一致，彼此能密贴为度（图1-21、图1-22）。

③嵌放接穗：把接穗基部切面嵌入砧木接口，接穗切面上方要露出小部分在接口外，并使接穗与砧上下左右四个点的形成层彼此对正而且紧密相贴。若需敲紧时，用力宜轻，不要造成损伤（图1-23）。

④密封保护：镶接妥当后，先用叶片遮盖接口顶孔和侧孔，防止沙泥落入，再用薄膜作圆筒形包扎，筒内填入洁净的微湿河沙或疏松泥土，也可用湿润的锯木屑，至盖过接穗为止，扎紧筒口上部，外面用一束稻草或树叶盖顶遮阴（图1-24至图1-26）。

嫁接后2个月左右，解开筒顶，拨开沙泥检查，若接穗已愈合，芽眼萌动，即减去一些沙泥，令接穗微露沙外，注意保湿遮阴，防止筒内温度过高，促进接芽萌发生长。新梢长至30厘米以上，便可除去薄膜和沙泥，并用小竹竿固定扶持，防止被风吹折。

图1-21　已削好的接穗

图1-22　已削好的砧木切口

图1-23　接穗插入砧木切口

图1-24　砧穗接合口用树叶遮住

图1-25 填入新鲜红壤土

图1-26 用苹婆树叶覆盖包扎

2. 小枝干合接和切接换种

切接适宜在3—5月或9—10月进行,切接后要注意抹除换种嫁接位置砧芽,若是较为粗大的主干或枝条,则宜截短后,待长出新梢,然后在老熟的枝条上嫁接(图1-27、图1-28)。

图1-27 小枝干换种

图1-28　嫁接成功

3. 换种成功的结果树

换种成功的结果树见图1-29至图1-31。

图1-29　怀枝砧接上白糖罂结果良好

荔枝优质丰产栽培技术图说

图1-30 砧穗接口部位，愈合良好

图1-31 嫁接换种成功

二、荔枝树的生长规律

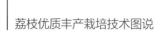

荔枝是果树中较为典型的常绿乔木，高产，土壤适应性广，树体更新复壮能力强，在个体发育中生命周期长，在传统荔枝产区，几百年生的荔枝老树常可见到，甚至树龄超千年的特老树，各传统荔枝产区也能见到。

果树个体发育生命周期的计算方法，依繁殖法不同而异。

（1）从胚胎阶段算起

①胚胎阶段：从受精卵、种胚形成到种子成熟。

②童期阶段：从种子发芽到实生苗具开花结果能力。

③成年阶段：果树已具开花结果能力。

④衰老死亡阶段：结果能力逐渐减退，营养器官部分死亡，体内生理协调遭破坏，直至死亡。

实生繁殖具有生命周期个体发育阶段的全过程。除特殊需求外，在荔枝生产上极少应用。

（2）从种子萌发算起

①幼树期：从种子萌发到第一次结果，或者从栽植起到第一次结果。

②结果初期：从第一次结果到开始有一定经济产量为止。

③结果盛期：从有经济产量起，经过高产稳定期到开始出现大小年和产量开始连续下降的初期。

④结果后期：从开始出现大小年和产量明显下降年份起，直到无经济收益。

⑤衰老期：无经济收益后。

（3）从种苗定植算起

①幼年树营养生长期：从定植到开花结果第一年。

②青年树生长结果期：从开始结果到进入较为稳定的丰产期。

③成年树结果生长期：生殖生长占主导地位，生命周期进入最有价值的时期。

④老年更新复壮期：营养生长和产量明显下降。回缩树体，更新复壮，恢复营养生长和结果能力。

⑤老年弱树衰亡期：主枝干残缺，树身空心，绿叶层薄弱，完全丧失结果能力。

在荔枝生长发育的过程中，衰老死亡不可逆转，但在实际生产中可见到荔枝树体具有可"返老还童"的特点，在其衰老的中早期，将主枝干进行中度或重度回缩，改变其顶端优势之后，截口下方或枝干基部，就有很多潜伏芽萌发，在有关栽培措施配合下，能迅速形成新树冠，其生命力更强，经济效益得到恢复。个体发育阶段出现了一定程度的逆转。在荔枝产区，仅广东省超过五十年生的老年树就有300万株以上，假如有50%的树得到较好恢复，其生产潜力将十分可观。

荔枝个体不同的发育阶段，其生态生理性状有所差异，甚至差异很大。幼年树和青年树依季节生长，开始较早，停止生长较晚，生长期较长，生长速度较快，萌发新梢次数较多，生长量较大。对肥、水、药物、温度、修剪等的反应较敏感。成年或老年树则反之，依季节生长，开始较晚，生长速度较缓慢，生长期较短，生长量较低，对栽培措施的反应较迟钝。以上这些特点，以往未得到众多管理者的注意和重视，措施多为千篇一律，不仅影响投入的效果，还增加了生产成本。

（一）幼年树营养生长期

1. 幼年树生长阶段

幼年树从定植到开花结果，通常为4～6年。这个时期的特点是根系和枝叶年生长次数多，萌发新梢4～6次，每次新梢生长期较短，但年总生长期较长，树冠和根系扩大迅速，是形成地上部"骨架"和扎根的重要时期。后期开始具备开花结果能力，但因生长势强，营养积累不足，开花后较难坐果。末次梢易遭冻害。

这个时期应充分利用其生长特点，通过加强土壤管理和树冠整形，培养发达根系和粗壮骨干枝，做好在进入结果期前营养枝储备数量多、质量优的工作，为早结丰产奠定良好基础（图2-1至图2-3）。

品种不同，树冠架构差异大，定植时株距及修剪程度应依品种而异。

图2-1　一年生荔枝园　　　　图2-2　幼年树新梢呈红铜色

图2-3　成长中的幼年树

2. 幼年树的整形

荔枝树整形就是根据其生长特性，把植株修剪成一定的树冠形状。整形的作用在于使主枝和侧枝分布均匀，"骨架"构造稳妥，既符合荔枝生长特性，又能适应当地的自然环境和栽培条件，从而为丰产稳产打好基础。

荔枝树整形，一般采用波浪式自然圆头形或圆锥形，在主干高30～50厘米处分生主枝（一级分枝），主枝之间彼此着生的距离较近，与主干构成的角度较大，多为45°～70°。主枝自然延伸，并在其上先后继续分生侧枝，称为二级分枝，以后的分枝称为三级分枝，依此类推。现在大面积生产的青年树或壮年树，不少主枝分布不均匀，上下重叠交叉，致使树冠绿叶层疏密不均。因此，主枝的培养必须在幼年时期做好，否则对树体的结构及其后的生长和产量都有一定的影响（图2-4至图2-7）。

图2-4 主枝分布较合理

幼年树整形工作，着重于培养三、四级分枝，使其生长角度合适、分布均匀，让养分有效地用于扩大树冠。有些品种，如妃子笑、三月红等，枝条疏而长，宜在新梢生长达25～30厘米时，通过摘心或剪短，促使分枝，增加枝条数量，又通过控梢、吊梢撑开等方法使枝条分化均匀，培养成波浪式圆头形树冠，利于早结丰产。

图2-5　树冠中下部缺少绿叶层

图2-6　主枝太密

图2-7　二、三级分枝大小差异太大

3. 幼年果园的合理间种

荔枝树寿命长、树冠大，通常行株距离较宽，产期迟，幼龄和青年果园均有较大的空间，可充分进行间种、套种，有利于达到以园养园、以短养长、长短结合、增加收益的目的。并可通过对间种物的管理，防止水土流失，抑制杂草，防热保湿，促进微生物活动，加速土壤理化性质的改良（图2-8至图2-11）。

荔枝园的间种必须坚持下列原则。

①有主有次，主次分明。间作物及其耕作活动不仅不能影响主作物荔枝的生长发育，而且应有利于荔枝的生长。因此，应选择不与荔枝争光的低秆和非攀缘性作物（图2-12）。

②应加强对间作物的管理。间作前应尽量施入基肥，翻耕土壤，并加强对间作物生长期的肥料供应，避免过分消耗地力。

③间作物宜实行轮作。长期种植同一间作物，土壤结构及地力

将受到破坏。

④忌选生长慢、结果晚、树龄长的果树间种（图2-13）。

⑤随着主作物荔枝树冠及根群的生长扩大，间作面积应逐渐缩小。

较为理想的间作物有花生、红豆、黄豆、绿豆等豆科植物，或姜、芋、大蒜等植物，也有不少采用以果间果，种植生长快、结果早、周期短的果树，如番木瓜。

图2-8　间种西瓜

图2-9　间种花生

图2-10　间种菠萝

图2-11　保留良性杂草

图2-12　清除攀树杂草

图2-13　不合适的以果间果

4. 幼年树的管理

幼年树的移栽见图2-14。

1—正常生长的幼年树；2—移栽前宜先行树冠修剪和断水平根；3—经多日适应后，断深层根群搬移。

图2-14　幼年树移栽

做好生长不良植株的更新。树形良好，但肥水缺乏，管理欠佳，经回缩修剪加强管理后，可迅速恢复生长（图2-15）。

1—枝梢生长密而弱小；2—修剪密生衰弱枝梢；3—经加强管理，树体恢复生长。

图2-15　更新生长不良植株

是否让幼年树开花结果，应视其生长状况而定，即营养枝的量和质，以及末次枝梢成为结果母枝的可靠性，若末次枝梢生长适时，具开花坐果能力，宜促进其早结丰产，早获经济效益（图2-16、图2-17）。

图2-16　疏植果园第一年开花

图2-17　四年生糯米糍幼年树结果累累

（二）青年树生长结果期

幼年树第一次开花结果之后，对于管理正常的果园，树体进入生长结果阶段，开始产生经济效益，这一时期的特点是营养生长仍占主导地位，树冠和根系的生长依然旺盛，主枝继续形成，对肥水，以及气候条件的反应较敏感，采果后普遍萌发两次秋梢，易抽冬梢。随着树龄增大，营养枝数量增加、增粗，生长势缓慢，营养累积增多，单株结果量增加，进入较为稳定的丰产时期。这一阶段长达20多年。

另外，由于这一时期大量的枝梢生长，易出现交叉、密生、紊乱等现象，树体的结构开始成为制约产量形成的影响因素，因此必须重视树冠的生长状态，并作相应的改善，以免影响生产潜力的发挥。

1. 青年树生长结果阶段前期

通过对糯米糍单株连年抽新梢和开花结果状态的观察，以及对叶片无机营养含量变化的测定，可看出：该年龄时期树体生长比较活跃，萌发新梢次数多，生长速度快。同一果园，甚至同一植株，可能同时抽新梢、开花、结果，生长和生殖很不一致，管理难度较大（表2-1、图2-18）

表2-1 六年生糯米糍叶片主要营养水平

图序	时间	生长现状	N/%	P/%	K/%
1	1983年11月10日	嫩叶红铜色，处于转绿时期	2.873	0.408	1.260
2	1983年12月25日	秋梢嫩叶都已转绿色	1.450	0.141	0.696
3	1984年2月7日	顶芽开始萌发新梢或抽花穗	1.422	0.149	0.499
4	1984年3月27日	顶芽萌发或抽出纯花穗	1.350	0.159	0.435
5	1984年4月25日	春梢转绿或开雄花	1.649	0.173	0.413
6	1984年10月20日	秋梢开始转绿	2.812	0.384	1.601
7	1984年11月20日	秋梢已转绿，顶芽鳞片抱合	1.821	0.197	0.838
8	1984年12月20日	叶色浓绿，芽开始萌动，鳞片松开	1.431	0.115	0.481
9	1985年1月20日	叶色浓绿，取秋梢叶片，冬梢遭冻	1.763	0.135	0.263
10	1985年2月27日	剪除冬梢的枝条有花穗抽出	1.812	0.116	0.248
11	1985年4月26日	秋梢抽出纯花穗，正在开雄花	1.844	0.084	0.166
12	1985年11月9日	叶色浓绿，鳞片松开	1.391	0.088	0.499
13	1985年12月8日	叶色浓绿，顶芽伸长4厘米	1.448	0.081	0.436
14	1986年2月4日	叶色浓绿，顶芽伸长8厘米，始见"白点"	1.582	0.113	0.403
15	1986年3月7日	叶色浓绿，顶芽伸长10厘米，侧芽见"白点"	1.337	0.102	0.350

注：1.上述样品均来自同一植株；2.有花穗的枝条，均取该枝条叶片；3."图序"项对应图2-18中编号。

图2-18 糯米糍同一植株不同时间生长与生殖期间的矿质营养状态

注：图中数字表示时间先后顺序。

图2-18（续）

图2-18（续）

（1）密植园的结果及其回缩修剪

密植园的生长、结果及其回缩修剪情况见图2-19至图2-26。

图2-19 密植园采果后回缩修剪

注：适当保持株行空间，维持树冠结果
面积。

图2-20 密植园开花

注：妃子笑回缩修剪后翌年开花情况。

图2-21 密植园结果（王泽槐 摄）

注：十三年生妃子笑结果情况。

图2-22 密植园结果的另一种现象

注：树冠上移，生长衰弱，有效的结果枝极少。

图2-23　树冠缺乏合理的修剪

注：必须视具体交叉情况进行适当回缩。

图2-24　密植园缺乏科学管理致树冠　　　　图2-25　更新生长不良植株
　　　　　上移，枝条密而弱

图2-26　树冠回缩后缺乏肥水供应

荔枝优质丰产栽培技术图说

（2）疏植园植株生长状况

疏植园植株生长状况见图2-27至图2-29。

图2-27　早期树冠立体结果现象

图2-28　早期树冠形态

注：早期树冠多呈圆头形，枝条分布较均匀，能开花结果的枝条比率较高。

图2-29　树冠逐渐增大

注：树冠增大，枝梢交叉将越来越严重，必须重视回缩修剪工作。

2. 青年树生长结果阶段后期

笔者等在广西三山园艺场调查的怀枝结果树，极具生长结果阶段的特点。

植株高275厘米，东西冠幅380厘米，南北冠幅420厘米，内外绿叶层厚度100厘米，全株单叶总数89 827片，其中第一、第二次结果母枝单叶总数23 949片，非结果母枝单叶总数65 878片，总结果量5 290个，总叶果比16.981，总产预测120千克。十四年生怀枝结果树调查结果见表2-2。

表2-2　十四年生怀枝结果树调查

秋梢次	结果穗数/个	结果总数/个	每穗果数/个	结果母枝单叶数/片
第一次	429	2 005	4.674	8 118
第二次	456	3 285	7.204	15 831

上述情况表明：该树不仅在当年获得丰收，而且留下的功能叶多，能为萌发新的结果母枝奠定良好基础，利于翌年继续取得好收成。

通过对青年生长结果阶段树体的观察分析，可看出该年龄段树体生长比较活跃，特别是该时段的早期，开花结果极易受到营养生长的影响，同一果园，甚至同一植株，抽新梢、开花、结果同时存在，坐果率低。所以，该时段的管理措施，特别是施肥量、施肥时期和肥料种类要力求适当。有经验的果农以频施薄施为主。

（三）成年树结果生长期

树体进入丰产期阶段，多从二十年生以后开始，此时生命周期进入最有经济价值之时。该阶段的特点是树冠架构已定，营养枝条多，绿叶层厚，冠幅大，不易生长过旺，生殖生长占主导地位，在加强科学管理的情况下，更有利于每年的开花结果。采果后多数只抽一次秋梢，营养积累较多，从而有利于翌年开花结果和高产稳产。生态环境越好，科学管理越佳，这个阶段的经济寿命越长，效果越好。

然而，随着树龄的增加，其生理机能将逐渐下降，新梢越来越少，短而弱小，从而隔年结果和产量下降的情况增多。为减缓树体的衰退，维持较长期的经济效益，果农对部分骨干枝或全部骨干枝进行回缩、修剪。

1. 成年树的回缩和修剪意义

（1）缩短根部至新梢间水分和养分的输送距离

据对糯米糍等品种的观察，荔枝正式投产时的分枝级数为5～6级，四十年生以上的中老年树的分枝级数多在12级以上。枝条级数的不断增多，使得地下部与地上部水分和养分的输送线路增长，物质交换速度减慢，树体对农业措施的反应迟钝，进而导致能量消耗大，生长量减少，枝梢纤弱。通过回缩更新，可缩短其运输距离，加快物质交换速度和减少能量消耗，有利于培养壮健枝梢。

（2）调整个体和群体的关系

随着树龄增加，树冠扩大，植株彼此之间枝梢和根群的生长空间越来越小，不仅表现在植株内部对养分和水分的竞争，而且表现在对生长空间的争夺，群体的生态环境恶化加剧，必将导致整个果园衰退。通过回缩修剪，可控制树冠的生长范围，改善光照条件，增强光合作用效能，并可优化果园环境条件，减少病虫滋生。

（3）调整个体内部的生长平衡关系

荔枝树树体高大，在一定的生态条件下，枝条或根群各部分的独立性较强，但彼此间又常保持一定的动态平衡。如荔枝树地上部生长旺盛，其必然具有较强吸收能力的根群。在保持地下部根量不变的情况下，减少局部枝梢的生长点，必然会增强保留下来的枝梢的生长势。枝干的短截也必然促使剪口以下不定芽的萌发，使新梢着生部位下移。通过回缩更新，达到调节枝梢的生长位置及生长量、增加功能叶数量的作用。使树体有更多的营养用于开花结果，使营养生长与生殖生长出现新的平衡。

对成年弱树的回缩修剪，笔者曾先后进行了两次试验。第一次缩剪程度较重，除剪除内膛枝、弱枝外，对外围枝梢从末级梢倒算的2～3级枝梢也进行大部分剪除，剪口粗度大于0.75厘米，总修剪量为绿叶层的60%～70%。第二次修剪程度稍轻。修剪后重视肥水配合，采取该措施后，五年总产比试验前增加464%。

试验结果表明，荔枝大树回缩修剪是荔枝园实现科学管理的发展路径，也必然是大势所趋，但回缩修剪必须建立在肥、水、农药配合得当的基础上。在人力和生产条件的配合下，回缩修剪将是挖掘荔枝生产潜力的一项生产手段。

2. 成年树的结果现状及回缩形式

成年树的结果现状及回缩形式见图2-30至图2-34。

图2-30　结果累累的成年树

图2-31　疏植三四十年生的成年树结果现状

图2-32　树冠绿叶层的回缩

图2-33　有计划疏除局部枝梢（开天窗）

图2-34　荔枝树中重度回缩

经过树冠回缩后树体的恢复情况见图2-35至图2-38。

图2-35　经过回缩后两年恢复的树冠　图2-36　疏植三四十年生的成年树中
度回缩多种形式及恢复生长情况

图2-37　回缩后肥水管理欠佳

注：抽一次新梢后即枯死。

1—疏植糯米糍成年树，3月"开天窗"疏大枝，5月底抽第二次新梢；2—翌年开花；3—翌年结果。

图2-38　疏植成年树疏大枝后复产情况

3. 整形修剪留下的不良后遗症

早期整形修剪时没有注意主枝的生长方向和修剪方法所留下的不良后遗症见图2-39。

图2-39　主枝混乱

（四）老年树更新复壮期

树龄到六七十年之后，其特点是树冠高度普遍超过10米，分枝级数达13级以上，末次梢密集而纤弱，枯枝和低效能叶片多，绿叶层薄，树冠内膛空虚，整个果园形成平面结果，产量低且管理难度大。主枝干未出现空心现象。

老树生理机能减弱，对农业措施反应迟钝，但仍保留着枝梢顶端优势的固有特性，除非皮层伤损，通常不易从末级梢以下的枝干萌发新梢。通过截除旧有树冠，解除枝梢顶端优势，有利于潜伏芽的萌发。

老年树的更新有别于一般非老年树的回缩修剪，是从树体的主干入手，截除其整个旧树冠，程度重。随后新梢从留下的主干萌发，重新培养骨干枝，分枝级数重新开始。更新当年，新树冠处于形成阶段，新枝梢即使具开花结果能力，仍以培养营养枝扩大树冠为主。

由于新梢产生于主干，处于植株的低位，在生理上年幼、生命力更强，从生命周期的衰老阶段逆转为生长结果阶段，这一"返老还童"的特点，值得荔枝生产者重视，并加以利用。

对老残荔枝园改造的研究始于1991年，广州市果树科学研究所经过多年试验、示范和推广应用，该项技术已比较成熟，截至2001年，推广面积达11 100亩。

生长良好的植株通常生长空间广阔，主枝干粗壮，树冠分布均匀合理，绿叶层厚，叶片多、质量高（图2-40）。

生长衰弱的植株则往往枝干瘦弱，绿叶层薄（图2-41、图2-42）。

图2-40　生长良好的老年树　　图2-41　生长衰弱的植株

1. 老年树重度回缩更新

　　每年3—4月是荔枝营养生长旺盛的季节，也是减轻因重度回缩突然改变荔枝园生态环境而导致烈日、高温对树体产生不良影响的有利时机。

　　重度回缩主干时，需将距地面1.2～1.5米、皮层生长正常之处以上的树冠截除（图2-43至图2-46）。

图2-42　老弱树已失去经济管理的基础

图2-43　回缩更新

图2-44　回缩后的树干

图2-45　锯口平滑，利于愈合

图2-46　锯口断面不符合要求，不利于伤口愈合

2. 更新后树体管理

老龄荔枝树树干上主枝、不定芽多,萌发力强。自1998年3月30日至4月18日回缩的老龄树,其树皮厚约1厘米。原预测回缩后需一个半月至两个月才能萌发新梢,结果只需30多天,树干自上而下有大量的不定芽萌发(图2-47),至5月5日约30%的树不同程度地长出嫩芽,单株嫩芽普遍100~200个,多者可达250个,遍布树身上下各个方向,甚至同一个芽位抽出嫩梢4~5条,说明荔枝老龄树的萌芽力很强(图2-48)。为了使树干免遭烈日暴晒,并促进树体的物质交流,第一批抽出的新梢不管数量多少,应全部让其生长。

图2-47　树干不定芽迅速萌发生长

图2-48　回缩后40天,新抽出枝梢生长旺盛

植株更新后发育成枝的能力强，枝梢生长迅速。短截后当年普遍抽出四次新梢，即5月上中旬、7月上中旬、8月中下旬、10月上旬至11月各抽一次新梢。由于树干及根部有一定的营养积累，第一、第二次新梢生长壮旺，第三次新梢因树体积累的营养减少，生长量也减少，枝条较弱，第四次新梢因秋冬干旱，虽有淋水，但天气干燥，部分新梢抽出后嫩叶脱落或叶缘出现缺水症状，梢质较差，且出现多分枝。至年底，生长正常的新梢长度已达1.25米，枝条基部粗度达1.8厘米，冠幅1.5米，可见老龄树能够通过回缩更新树冠（表2-3、图2-49至图2-53）。

表2-3　老龄荔枝回缩后生长情况调查

项目	妃子笑	黑叶	糯米糍	桂味	怀枝
锯口离地面高度/厘米	170	190	190	130	170
新树冠高/厘米	220	330	320	280	330
新树冠幅/厘米	360	350	255	370	250
主枝数（径粗1厘米以上）/条	20	15	16	14	14
主枝基部粗度/厘米	3.2～4.1	2.6～2.7	2.6～4.1	2.8～4.0	2.6～4.1
新梢分枝级数/级	5～7	6～7	5～6	7～8	6～8
新梢抽梢次数/次	8	8～9	8～9	9	8～10
各条新梢总长度/厘米	175～212	150～180	130～159	160～170	140～180

图2-49　回缩后3个月萌发第二次新梢（陈衬喜 摄）

图2-50　回缩后4个月，新树冠基本形成

图2-51　回缩后树冠生长情况
注：回缩后翌年夏季，新树冠已形成。

图2-52　回缩后生长不佳的植株
注：个别植株，因树势较弱、水肥供应欠佳，抽一次新梢后枯死。

图2-53　老年树回缩后移植
注：翌年恢复开花结果。

果园栽培水平的高低对回缩修剪后的效果影响很大，如果栽培管理跟不上，回缩修剪的作用就不能很好地显示出来。

（1）荔枝园土壤管理

①土壤施肥：春季和夏季回缩更新修剪，都是在确定无花无果之后进行。对树势较衰弱或在之前没有施过肥料的果园，在回缩更新前约半个月应施入速效肥，结果树秋季回缩修剪，通常在采果前或采果后，结合促秋梢进行施肥。弱树重施早施，以后根据新梢生长情况，酌情施入化肥或有机肥，促使新梢生长壮健，新树冠早日形成。

②断根改土：中度和重度回缩更新修剪的果园，多数是中、老年树或衰弱树，经长期生长，根的立地条件恶化。因此，需要在进行树冠改造的同时，改善土壤环境。但枝梢回缩后接着断根改土、减少根量会影响向新梢提供根部贮藏的养分，并增加树体伤口，不利于新梢生长。所以断根改土工作，应在年底或翌年初春待新梢老熟后进行。改土方式可全园深耕，也可在根系生长范围挖沟改土。

③淋水：新梢萌发期遇旱，应淋水促梢保梢。

采用果园生草法管理中度回缩或重度更新的果园。由于剪除大量枝叶，生态环境改变很大，对保留的枝干和浅层根群都有一定影响，故特别在夏、秋季高温干旱季节，宜保留良性杂草。

（2）回缩更新后枝干管理

①刷涂白剂保护枝干：中度或重度回缩更新后，枝干及其伤口都暴露于阳光下，尤其是南面及西南面的枝干，皮层直接被烈日暴晒，重者树皮裂开露出木质部，导致局部或全株枯死。涂白剂可减轻枝干受害。涂白剂按生石灰10千克、石硫合剂原液1千克、食盐1千克、动物油0.2千克、水40千克的比例配制。

②疏梢、促分枝：新梢抽出后应根据不同要求进行疏梢，轻度回缩修剪的，剪口芽可选留1～2条，其余及时抹除。中度回缩更新

的树除剪口芽外，部分枝干的不定芽也会抽出，可根据其生长位置、分布等选留。更新修剪树，在枝干的不同部位会抽出大量不定芽，甚至同一芽位也可萌发多条新梢，以促使枝梢尽快向根部提供光合产物。为保护枝干免遭烈日暴晒，并增强根群吸收能力，对大量不定芽抽出的嫩梢可留1～2条，其余的抹除。经抽2～3次新梢老熟后，再根据枝条分布、枝梢生长情况，酌情疏梢。早期留梢数量较多，以后逐渐疏少。使枝梢分布合理，养分集中，新形成的树冠壮健。超过40厘米长而不分枝的枝梢，在下次新梢萌发前剪短，促使分枝。

③叶面喷肥：回缩更新园应加强果园的管理，在以土壤施肥为主的同时，勤辅之以叶面肥。可使用10%～15%尿水、0.4%～0.5%腐熟花生麸沤浸液、0.3%～0.5%硫酸镁、0.3%～0.5%磷酸二氢钾、0.1%绿旺或者其他肥料。

④防虫护梢：嫩梢期为害叶片的害虫较多，应及时喷药防治。

（五）老年弱树衰亡期

衰老树的特点是树龄高，主枝干严重残缺空心，分枝级数更多，新梢萌发期一般在春末夏初，短而纤弱，分布不均，叶色淡绿、缺光泽，单叶数量少且叶龄短，阳光直射主枝干，对肥水供给的反应较不敏感。

少数立地环境较好的植株，有些年份也能开花结果，但产量低。由于栽培管理的投入和产出难以维持经济上的平衡，因而被放弃管理而处于野生状态。

若没有受自然灾害的严重伤害，依靠老根群的广泛分布和吸收，尚能维持树体营养的低消耗，极少发生植株突然死亡。

1. 千年古荔

千年古荔是人们对这些老荔枝树在历史上存在较长年代的一个肯定，极少数植株有文字记载，多数只能根据其形态和立地环境估测树龄。

（1）海南岛野生荔枝

海南岛野生荔枝见图2-54。

图2-54　海南霸王岭野生荔枝1号（傅玲媚 摄）

（2）六祖手植古荔枝

六祖惠能（638—713年）在圆寂前一年手植的荔枝树，今称佛荔，距今已有1 300多年。1988年广东省进行古树普查鉴定时，该树高18.5米，被列为全省18棵古树之一。2003年3月，广东省绿化委员会发布信息，称它是全省古树木中最长寿的果树。现已在树旁立有"六祖手植，千年古荔"碑刻，堪称"活宝"（图2-55）。

1—更新复壮前；2—更新复壮后；3—
更新立地环境后翌年佛荔所结果实；4—佛
荔所结果实。

图2-55　新兴县六祖手植荔枝

　　佛荔植于国恩寺左侧，年代久远，周围环境已发生变化：邻近
与佛荔同等高度的其他乔木枝叶与佛荔紧靠遮光，树下灌木杂树与

佛荔争夺土中营养，树干近处有砖砌花坛，游人香客来往于树下近处践踏，土壤硬实。树体因年迈势弱，主干空心，一边皮层缺失，树虽高但冠幅较小，枝疏叶少，特别是被承包管理人员剪下部分枝梢用于育苗后，更加重了对树势的不良影响。

2004年3月，新兴县政府领导召集相关部门、协会负责人，以及国恩寺、龙潭寺方丈，并邀请荔枝栽培技术专家参加会议。会上，确定了佛荔保护方案：不能再从佛荔树体上取枝梢育苗；清除附近影响佛荔通风取光的树木；拆除环绕树干的砖砌花坛；用肥沃疏松土壤重换原来已硬实的表土层，并施入有机肥；根群生长范围内种上青草并禁止践踏；保护树干新生枝梢；解除现承包管理合同，指定专人管理等。

会后新兴县水果生产协会会长伍时业带领大家积极开展工作：拆除砖砌花坛，砍除附近杂树并挖除树根，用混合有机肥、塘泥及疏松肥沃的土壤，更换了佛荔根系所及范围内的原有表土层，并种上青草等。

经采用有效保护措施后，促使佛荔树体萌发出很多枝梢，生长迅速，明显复壮。翌年产量达100多千克，之后每年都有荔枝果实收获。

佛荔与现今新兴县等地大面积种植的新兴香荔，在植物学形态特征和生物学特性上十分相近。每年于2月下旬至3月中旬开花，6月下旬至7月上旬果熟；果粒小，通常单果重8～10克，长卵形，单穗果可达一二十颗，果穗成串；果皮薄、深红色，龟裂片隆起、较密，裂片钝或锐尖，裂纹深而明显；果肉白蜡色，肉质爽脆、清甜带香，品质极佳，鲜果食用，大小适中；果壳易剥，果汁不外流，剥食不湿手；果核小。佛荔是荔枝中的优质良种。

（3）千年宋荔

据莆田市文化馆史料记载，"宋家香"母树生长在莆田市原宋氏宗祠庭院中。该树于唐玄宗天宝十五年（756年）以前种植，主干遗迹有枯死而未腐的木质部或树皮，现存的树体经加强管理后仍然一派生机，枝叶茂盛而且年年开花，结果累累。

（4）萝岗千年古荔

该树生长在建于北宋的玉岩书院和萝峰寺之间（图2-56）。

图2-56　广州市萝峰寺千年古荔

（5）打渔村千年古荔

四川省宜宾市打渔村有四株千年荔枝树，干周（主干周长）4.14～5.6米，冠径26～40米，高16～20米（图2-57）。

图2-57　宜宾市打渔村千年古荔

2. 衰老树的典型症状

荔枝著名老年树在全国各荔枝老产区都有发现，但建立荔枝贡园则少见。广东省高州市根子镇柏桥管理区有个贡园，园内仍有白糖罂、白蜡等多个品种的古荔枝树生长，树龄多在500年以上，主干腐朽，中空成洞，根部萌生新芽。传说唐朝高力士贡奉给杨贵妃品尝的荔枝正摘于此园。

衰老树的症状多种多样，主要为树冠严重衰弱。多数老树树体高大，绿叶层薄，新梢短小，叶量少。如贡园内的黑叶老树，干周达6.6米，冠径21米，高10米，最高年产600千克。现已严重衰退（图2-58至图2-60）。

图2-58 高州市根子镇贡园内古荔

这些老树，如果能得到良好的肥、水供应，则能继续生长，延长寿命。若达不到其所需存活条件，则衰退加剧，直至死亡。

1—主干顶部已枯死；2—主干已枯死，侧干衰老退化；3—树干空心。

图2-59　主干枯死、空心

图2-60　主干已经腐败干枯或缺失，明显衰老退化

3. 少数衰亡树的新生

　　荔枝的个体发育达到一定阶段之后终要死亡，但部分植株在老树的个体死亡之前，会以各种形式继续生长发育，这种情况可以保留其中有特别意义的植株（图2-61）。

图2-61　树干基部萌发新梢

注：新梢逐步形成新植株，代替老植株。

4. 大树的抢救

少数大树生长环境突遭改变，如长期积河沙、湿泥，致生长日渐衰弱，叶落枝枯，难抽新梢，因此，必须改善立地环境，促进根系生长，恢复吸收机能；要保护树身，防遭暴晒裂皮；要勤施薄肥，促使新梢萌发，早日形成新树冠（图2-62）。

图2-62　对少数未老先衰树进行抢救

（六）生长环境及肥水管理

1. 荔枝的立地环境

荔枝树一生的变化，有其自身生长发育规律，更与生长环境和栽培措施密切相关，其中与土、肥、水等的科学管理尤其密切相关，适其需求，则树体壮健，抗逆性提高，栽培经济效益良好，反之，则得不偿失。

（1）荔枝立地环境的多样性

荔枝园广泛分布于气候适宜的山地、丘陵地、平原旱地、水乡湿地、河边坝地、堤岸坡地、村前屋后，适应性强，故常被误认为生长粗放，从而放松对其进行科学管理（图2-63至图2-74）。为此，栽培者必须根据果园的实际情况采取相应措施。

图2-63 生长于石头上的荔枝树

图2-64 山区丘陵地上的荔枝园

图2-65 火山遗迹上的石头山区荔枝园

图2-66 缺水缺肥的丘陵山地荔枝园

图2-67 水库旁边但又缺水的荔枝园

图2-68 平原旱地上的荔枝园

图2-69 潮水可到达的平原地区荔枝园

图2-70 较为肥沃的冲积土荔枝园

荔枝优质丰产栽培技术图说

图2-71 水乡河道两旁的荔枝园

图2-72 道路旁边的荔枝园

图2-73 生长于村前的荔枝树

图2-74 生长于村后的荔枝树

（2）荔枝根系的分布

荔枝根系分布的垂直深度和水平广度，与植株的繁殖方法、立地条件和农业措施密切相关，用实生苗及实生砧嫁接苗繁殖的植株，具有较发达的垂直主根，生长较深，分布范围较狭窄；用圈枝苗繁殖的植株缺乏主根，侧根较多，生长较浅，分布较广阔。丘陵山地的根系通常比冲积土的浅，如二十年生的怀枝，根系分布在距地表60厘米以上土层的根占总根量的80%，在花岗岩粗沙红壤山地，三十六年生的兰竹，根系垂直分布与株高的比例平均为0.36∶1，在坡地疏松红壤，三十五年生元红根深与株高比例为0.49∶1，在地下水位较高的荔枝园，根深与株高比例为0.16∶1。

荔枝根系的水平分布，通常比树冠大1～2倍，以距主干约1米至树冠外缘，根量最多。在广州市郊文冲荔枝园调查，由于立地处于潮水到达之处，荔枝根系分布于水位之上约1.2米的土层，不同

068

植株水平根相互交错，生长于加厚土层中。俗说"根深叶茂"，但荔枝叶茂而"根浮"，不论丘陵山地、平原旱地、水乡堤岸、河边坝地，总的来说荔枝根的垂直生长都较浅，但也有例外。据报道，三十六年生兰竹，种植于土层95厘米以下未熟化的粗沙红壤，垂直根深达225厘米，再下为半风化的花岗岩硬层，根向下伸长15.5厘米，有16次弯曲，最短的一次卷曲只有0.2～0.4厘米。树体冠幅11米，水平根达23米（图2-75）。

图2-75　根系生长情况

可见立地条件对根系的生长范围影响很大。

荔枝根系没有自然休眠期，在满足所需条件下，可全年不断生长，但不同季节其生长势强弱、生长量大小有差异。

据笔者在广州石牌丘陵山地红壤土连续3年对十年生至十二年生糯米糍观察：第一次生长高峰在5—6月，谢花后幼果发育，树体已消耗大量养分，根生长量较小；第二次生长高峰在7—8月，果实已采收，树势处于恢复阶段，地温较高，湿度较大，适合根群生长，是一年中根系生长量最大的时期；第三次生长高峰在9—10月，秋梢萌芽后，土壤温度尚高，土壤湿度较低，秋梢处于充实期，生长量较小。个别年份11月温度尚高，湿度大，秋梢较早老熟，会萌发第四次新根，但量小。

据报道，土壤温度在10～13.5℃时，根系生长处于停滞状态；土壤温度达13～14℃时根系开始活动；14～16℃生长速度逐渐加快；土壤温度达26℃时，根系活动达到最高峰，新根约19天可伸长36厘米；土壤温度达31℃时，根系活动渐趋缓慢。

根群和新梢生长高峰相互消长，彼此生长的具体时间受土壤水分、湿度、树势强弱等影响，但彼此的生长高峰、相互的消长却是在有节奏地进行，施肥的最佳时机可根据肥料种类，以及新梢的生长状态而定。不同生长环境的根系生长状态见图2-76。

1—水土易流失的丘陵山地；2—水土易流失的平地；3—水土易流失的堤坝旁；4—河边荔枝园；5—排水较难，经常积水的荔枝园。

图2-76　不同生长环境的根系生长状态

2. 园地的土壤改良

荔枝对土壤的适应性较强。在丘陵、山地、旱坡地的红壤土、黄壤土、紫色土、沙壤土、砾石土，平地的黏壤土、冲积土，河边沙质土等都能正常生长和结果。其中山地、丘陵、旱坡地地势高、土层厚、排水良好，但普遍缺乏有机质，肥力较低。通过深翻改土，可改善土壤结构，提高肥力，使荔枝根群分布深而广。平地、水乡等地势低，水位相对较高，有机质含量较丰富，水分足的地方，植株生长快，长势旺盛，根群分布浅而广。

土壤的各种理化性质，如排水、通气、保水保肥、pH和有机质含量等，与荔枝的产量和品质关系十分密切，故必须重视改善立地环境条件。

①换土：立地经树体长期生长，有益的营养已被吸收，无益物质积累，不利于树体生长。将树体下一定深度的土层，更换为肥沃疏松、有机营养丰富的壤土，如2004年3月佛荔的复壮工作，其主要措施之一就是用肥沃泥土和有机肥，替换树冠下30厘米以上的坚硬土层，促使翌年树体明显康复，恢复开花结果。换土要力求避免过度伤及老根导致无可挽回的损失，成本高，操作时需特别慎重，因此多用于名贵老树。

②客土：在原有土面上，添加外来干田泥、塘泥等新泥，加厚生根土层，防止根群外露（图2-77）。

③上泥：围田地区荔枝园受水位限制，根群只能着生于水位以上土层，改善根群生长环境，必须逐年上泥，以适应根群继续生长的需要（图2-78）。

④松土：宜全园进行，并注意锄断树干附近表层细根，避免逐年增大增多而形成"根盘"，影响根系的更新和吸收。松土工作一般结合采果后施肥进行，如果历来少犁（或锄），根系分布较浅的植株，则宜浅松土10～15厘米，以免伤根太多（图2-79、图2-80）。

| 图2-77 客土 | 图2-78 上泥 |

1—布种绿肥增加有机质，改善土层；2—犁翻压绿，既疏松土层，也增加有机肥。

图2-79 全园中耕松土，重视有机肥的应用

图2-80 果园松土

⑤深翻改土：是丘陵山地荔枝园改良土质的一项有效措施，可在采果后或秋梢老熟后进行。

荔枝园培土可用干泥和湿泥，通常以干泥为佳，但围田地区河流交错，泥源丰富，水上运输也较方便，故多用湿泥。荔枝根含单宁较多，虽耐湿性较强，但与真菌共生的内生菌根需要通风透气，土壤含水量多易造成缺氧，不利于根系生长。春夏多雨季节，大气湿度高，土壤水分多，若在园面培土的湿泥太厚，则难以晒干，导致生根土层不通气，根系呼吸强度减弱，生长不良，影响新根萌发，导致老根腐烂，严重者甚至全株枯死。所以，荔枝园培湿泥时一方面要避免在雨季或雨天进行；另一方面不能一次培太多湿泥，一般培土厚度以晒干后2～3厘米为宜。若需要大量培土，可采用部分泥土在园外晒干后运入果园，或分多次培泥。

山地老荔枝园普遍出现表土流失露根情况，最佳的方法是从外地运来新泥覆盖，既护根又增肥。

围田地区，加深排灌水沟，将泥土培在畦面（图2-81），河边荔枝园退潮时水沟不积水。

图2-81　培泥

从河或池中运来湿泥土盖上，数天后裂开通气。若超过1个月不裂开，根部会死亡腐烂。

土壤耕作也较受重视，除充分利用空地间种外，普遍每年犁地2～3次。第一次在采果后于7月下旬进行，促使8月上中旬新根生长良好；第二次于11月下旬至12月上旬进行，配合断细根促花芽分化；也有在第一次秋梢老熟后，第二次秋梢萌发前进行，犁地断根推迟至第二次秋梢萌发。犁地对吸收根的更替、调控枝梢和促花有良好效果。立春至雨水，秋梢见"白点"后把平畦面，修通水沟，防止积水。

3. 树体矿质营养的消长

荔枝结果树的树体营养在一年中有两次处于明显的低水平状态，一次是谢花后幼果发育期，另一次是采果后树体恢复前。在一年中春季的日照时数最少，以东莞为例，1981年的日照时数春季为232.7小时，夏季为475.8小时，秋季为550.3小时，冬季为533.4小时，春季日照时数比其他各季少50%以上，此时正值开花结幼果，树体营养大量消耗时期，缺乏营养对结果影响很大，所以应注意树体的营养状态，并及时地补充，采取综合措施，做好保果工作。

（1）荔枝叶片的矿质营养

叶片中N、P、K的含量能及时而准确地反映植株的营养状态。因此，叶片分析被广泛地应用于指导田间施肥，其分析值在一定范围内表示适量、缺乏或过剩，以便在不正常状况发生之前及早发现并纠正。

同一植株同一时间不同叶龄的N、P、K含量的差异很大，黄化老叶的营养值比正常叶片元素含量低，是正常叶含量的1/10~1/2。不同品种叶片元素含量也不尽相同。对早、中、迟熟品种秋梢叶片的分析结果表明：各品种秋梢老熟后，叶片中三要素含量在一定范围内构成一定的比例，其中N为1.725%~2.353%，平均含量2.027%；P为0.293%~0.473%，平均含量0.377%；K为0.628%~1.091%，平均含量1.042%。N、P、K的比例，早熟品种是1：0.19：0.52，中熟品种是1：0.19：0.51，迟熟品种是1：0.18：0.15。有学者提出丰产兰竹秋梢叶片营养元素适宜含量，N为1.5%~2.2%、P为0.12%~0.18%、K为0.7%~1.4%，其比例为1：0.08：0.57。各地荔枝结果树秋梢叶片N、P、K含量的分析见表2-4。

表2-4 荔枝秋梢叶片N、P、K含量和比例比较

地点	N/%	P/%	K/%	N：P：K
广东	1.415	0.159	0.775	1：0.11：0.55
广西	2.027	0.377	1.042	1：0.19：0.51
福建	1.850	0.150	1.050	1：0.08：0.57

（2）荔枝花的矿质营养

在树体各器官中，花的N、P、K含量最高，而且在长达100～120天花器发育的过程中，大量的花消耗树体在秋、冬季积累的大量碳水化合物和各种矿质营养。如一株十九年生怀枝开花时消耗的N约等于尿素1.0千克、P约等于过磷酸钙0.7千克、K约等于氯化钾0.6千克。花期结束后，除了少量雌花能结成果实外，绝大多数脱落、腐烂，进入新的物质循环。通常荔枝树开花前叶色浓绿，随着花的大量开放，叶色逐渐变淡。末期花显得弱小，甚至花器官发育不正常。

荔枝雌、雄花的主要营养含量基本相近（表2-5、表2-6）。

表2-5 不同荔枝品种雌、雄花蕾营养状况

品种	花类别	糖含量/%	N/%	P/%	K/%
怀枝	雄花	6.57	1.92	0.25	1.31
怀枝	雌花	4.98	1.94	0.26	1.26
糖驳	雄花	4.82	2.40	0.29	1.39
糖驳	雌花	6.83	2.40	0.29	1.34
桂味	雄花	4.02	2.24	0.30	1.48
桂味	雌花	4.46	2.28	0.32	1.44
丁香	雄花	2.95	2.43	0.29	1.39
丁香	雌花	2.91	2.56	0.30	1.37

表2-6　十九年生怀枝每株全花量养分含量

平均每株花序数/枝	花性	每花序平均序数/枝	每株花数/朵	每朵花重量/克	每株花朵总重量/克	每株全花量养分含量					
						N		P$_2$O$_5$		K	
						含量/%	重量/克	含量/%	重量/克	含量/%	重量/克
2 161	雄花	947.0	2 046 467	0.008 91	18.234	1.918	349.93	0.573	104.48	1.518	276.79
	雌花	133.5	288 493	0.015 50	4.472	1.944	86.94	0.596	26.65	1.518	67.88
小计			2 334 960	—	22.706	—	436.87	—	131.13	—	344.67

（3）果实发育与叶的相关性

对24个单株的统计发现，矿质元素含量个体之间差异甚大，如幼果期的叶片含N 0.931%～2.096%，含P 0.077%～0.207%，含K 0.124%～0.333%；幼果含N 1.074%～2.291%，含P 0.179%～0.281%，含K 0.460%，营养水平高低能相差1倍以上。统计分析的结果表明：果期叶片和果实矿质营养的含量各有一定的比例，不同品种的壮健植株其比值相近。幼果干物质中N、P、K的比例约为1∶0.14∶0.53，而叶片则为1∶0.08∶0.14，叶片中P、K含量远低于果实中的含量（表2-7）。

表2-7　树势壮健植株叶片和幼果矿质营养含量

品种	叶片（干物质）营养值/%			叶片N、P、K比例	幼果（干物质）营养值/%			幼果N、P、K比例
	N	P	K		N	P	K	
糯米糍	1.791	0.141	0.227	1∶0.08∶0.13	1.646	0.244	0.985	1∶0.15∶0.60
怀枝	1.460	0.119	0.244	1∶0.08∶0.14	1.623	0.224	0.867	1∶0.14∶0.53

较弱的植株叶片矿质营养水平较低，但幼果干物质营养水平与壮健植株果实的含量相近，P的含量甚至更高（表2-8）。生长壮健与生势较弱的植株之间，叶片和幼果中N、P、K含量的差异显著性测验表明：P的含量达到差异显著及极显著（表2-9）。

表2-8 生势较弱植株叶片和幼果矿质营养含量

品种	叶片（干物质）营养值/%			叶片N、P、K比例	幼果（干物质）营养值/%			幼果N、P、K比例
	N	P	K		N	P	K	
糯米糍	1.430	0.077	0.185	1∶0.05∶0.13	1.664	0.474	1.080	1∶0.28∶0.65
怀枝	1.305	0.090	0.180	1∶0.06∶0.14	1.775	0.452	0.880	1∶0.25∶0.50

表2-9 树势强弱的营养差异显著性测验

品种		N	P	K
糯米糍	叶片	5.157**	4.299**	1.814
	幼果	−0.146	−23.695**	−1.401
怀枝	叶片	1.471	2.719*	1.780
	幼果	−1.096	−23.340**	−0.136

注：$df=9$，$t_{0.05}=2.262$，*差异显著，$t_{0.01}=3.250$，**差异极显著。

据分析，果实的不同发育阶段营养水平不同，幼果期果实含N量为最多，如糯米糍N、P、K的比例为1∶0.15∶0.60。当假种皮开始迅速发育后，果实矿质营养大大增加，成熟果实N、P、K比例为1∶0.19∶0.89，K含量与N含量相近（表2-10）。可以看出果实发育前期以N为主，后期K含量显著增加。广东省农业科学院的分析表明：K含量约占果实中N、P、K总量的54.0%，N含量占37.3%，P含量占8.7%。果肉K含量最高，占58.2%～71.4%，而以果核K含量最少，仅占6.3%～14.8%。

表2-10 成熟果实和同期叶片矿质营养含量

品种	叶片（干物质）营养值/%			叶片N、P、K比例	成熟果实（干物质）营养值/%			成熟果实N、P、K比例
	N	P	K		N	P	K	
糯米糍	1.547	0.142	0.431	1∶0.09∶0.27	2.494	0.486	2.226	1∶0.19∶0.89
怀枝	1.345	0.124	0.448	1∶0.09∶0.33	2.459	0.546	2.083	1∶0.22∶0.85

正常生长期，叶片含K量很多，特别是花器，含K量比同期的叶片高1倍。谢花后含K量水平下降过剧，叶片的K含量低于2%者，无法坐果。

广西北流荔枝场连续2个丰收年的叶片分析，含N 1.76%～1.78%，含P 0.25%～0.27%，含K 0.75%～0.92%。对比上述报道，本试验供试植株的叶片和果实含N量与上述有关资料较为一致，而P、K的含量偏低，尤其是叶片含K量低表现更为突出。广东荔枝叶片K的含量偏低或缺乏，是栽培管理上值得重视的问题。与果实和叶片的N、K含量对比，P的含量很低，P不足，会对果实发育造成不良的影响。未脱落的幼果比脱落的幼果含P量高。营养不足，或比例失调，都将影响当年产量，甚至导致秋梢结果母枝不能及时萌发，从而影响来年的生产。糯米糍和怀枝的叶片及幼果营养水平及其比例相近，但通过相关系数显著性测验表明（表2-11）：叶、果的相关系数依不同品种而不同，如叶片的含K量，糯米糍为0.227%，怀枝为0.224%，但与果实的关系糯米糍表现出相关不显著，怀枝表现相关极显著。又如两个品种幼果的含P量相近，但与叶片的关系糯米糍表现相关极显著，而怀枝则表现相关不显著，由于品种不同，果实各部分所占的比例不同，其所需的营养也有差异，不同品种的施肥水平和各元素比例很值得研究。

表2-11　叶与幼果矿质营养相关系数显著性测验

品种	N	P	K
糯米糍	0.230 5	0.884 6**	0.071
怀枝	−0.756 4*	0.625	0.770**

注：$n=8$，$p_{0.05}=0.631\ 9$，*显著，$p_{0.01}=0.764\ 9$，**极显著。

荔枝从花器形成到果实成熟，树体的营养状况有很大的变化，叶、果之间矿质营养的增减存在着一定的消长关系。

据测定，花器官矿质营养含量高，干物质中含N 2.758%，含 P 0.492%，含 K 2.226%。在花器形成期间，叶片 N、P、K 含量处于高值，含 N 1.68%～2.08%，含 P 0.18%～0.33%，含 K 0.24%～0.45%。谢花后及幼果发育期叶片营养水平处于低值，含 N 1.23%～1.43%，含 P 0.08%～0.14%，含 K 0.17%～0.22%，其变化与果实发育有关。生殖器官及生长所需的养料，大部分是营养器官供应的。以糯米糍为例，植株营养状况随着开花和果实第一阶段发育的消耗，营养物质运输方向发生转移，叶片 N、P、K 含量水平有不同程度的下降，在果肉开始出现前降至最低水平。在果实发育的第二阶段后期，子叶生长缓慢或停止，果实此时所需营养较少，叶片的矿质营养含量有所回升。当果肉进入迅速生长的果实发育第三阶段时，对矿质元素的需求量迅速增加。果实对矿质元素的吸收与果实生长平行。叶片的 N、P、K 含量再次下降，表现出叶、果营养的消长关系。

有学者对糯米糍荔枝叶、果营养消长及其与落果关系进行研究，结果表明：开花当天子房 N、P、K 含量较高，含 N 2.360%、含 P 0.371%、含 K 1.090%。谢花后幼果的 N、P、K 含量分别降为 2.060%、0.290%、0.980%，开花后 12 天、22 天，幼果的 N 含量为 K 含量的 2 倍多，说明果实发育前期对 N 的需求量较大；授粉后 35～50 天，N、P、K 一直维持较低水平，这期间胚逐渐退化继而发育停滞，果肉仍处于缓慢生长期，50 天时降至最低点，N 的含量比开花前下降 65.7%、P 下降 54.1%、K 下降 40.4%。50 天后，果肉迅速生长，果实的 N、P、K 含量急升。N 上升 44.4%，K 上升 61.5%，P 上升 35.5%，N、P、K 比例为 5.09∶1∶4.57，说明果实发育后期需要大量的 K。开花前叶片的 N、P、K 含量较高，其中含 N 1.720%、含 P 0.123%、含 K 0.330%，N、P、K 的比例为 13.98∶1∶2.68，N 为 K 的 5.2 倍。开花后由于花、果发育消耗大量营养，叶片中 N、P、K 含量迅速下降，其中 N 下降 24.4%，P 下降

7.3%，K下降33.9%，一直处于较低水平，其比例变化不大，处于11.4：1：1.91～11.31：1：1.219。可以看出果实的P、K含量均比同期叶片高，尤其是K含量高达1～2倍。

4．结果树施肥量

（1）施肥量的确定

经4年对2个较丰产稳产园生产实践统计，糯米糍施肥量按每100千克鲜果计，实施N 5.10千克、P 2.79千克、K 5.02千克；怀枝实施N 3.27千克、P 2.40千克、K 2.40千克。结合其他荔枝丰产园经验，根据"以产定肥"的基本原则，将施肥方案调整如表2-12所示，以供参考。

表2-12　荔枝施肥量参考（以每100千克果计）

营养元素		N	P	K
全年施肥量/千克		3～5	1.5～2	3～5
N：P：K		1：0.44：1		
促梢肥	施肥量/千克	1.5～2.5	0.4～0.6	1.2～1.7
	N：P：K	1：0.68：0.73		
	占全年用量/%	50	29	36
促花肥	施肥量/千克	0.7～1.2	0.6～0.7	0.6～1.3
	N：P：K	1：0.25：1		
	占全年用量/%	24	37	24
壮果肥	施肥量/千克	0.8～1.3	0.5～0.7	1.2～2
	N：P：K	1：0.57：1		
	占全年用量/%	26	34	40

注：表中N、P、K比例和占全年用量均用平均数统计。

据调查，广东11个丰产荔枝园平均生产100千克鲜果实施N 13.03千克、P 9.57千克、K 13.89千克。有关资料表明：施肥量越大，肥料利用率越低，增产率也越低。

（2）施肥的时间和方法

①施促梢肥：时间应依树龄、树势，并紧密结合放秋梢的次数，以及时期来确定，一般有以下三种做法：采果前施肥，放一次秋梢。老树、弱树、结果多、叶色淡的树，宜于采果前约半个月施用，以加速树体恢复。如中、迟熟品种可促使在8月下旬至9月下旬抽梢。结果量大、较衰弱的树，除采果前先施入部分速效肥外，采果后可结合松土再施一次。采果后施肥，也放一次秋梢。中、迟熟种壮健树和树势一般的青年树准备在9月中旬前后放一次秋梢，施肥宜安排在采果后结合松土、修剪进行，以免秋梢早萌发，后期再次萌发冬梢。

多次放梢，多次施肥。青年结果树或当年没结果的壮年树，营养生长旺盛，估计放一次秋梢后可能出现放冬梢的，宜培养放二次秋梢，于采果前约半个月施第一次肥，使秋梢在7月下旬至8月初抽出，然后在8月再施第二次速效肥，促使9月中下旬至10月上中旬抽出第二次秋梢。如果营养不足，第二次秋梢抽出太迟，枝叶未充分老熟就遇干旱或寒冷，将导致有机养分积累少，花芽分化困难，或花的质量不高，故一般促二次梢应施二次肥。冬季较暖的地区及以早熟品种为主的地区，青壮年结果树有放三次秋梢的，为促使每次枝梢早萌发，早充实，更应多次施肥，施足肥。

②施促花壮花肥：此次施肥时间如安排得当，适时施下，能促进花器官发育，抽出壮健花穗，如施肥不适时，则可能促使新梢生长，因此要依具体情况决定才能收效。可按以下原则掌握：A.早熟种小寒至大寒施，中、迟熟种大寒至雨水施。B.壮旺树、青年树迟施或不施；弱树、老年树早施多施。C.当气温回升快，雨水多时，幼龄结果树（十年生左右）和壮旺青年树，不见花蕾暂不施。

③施壮果肥：荔枝从开花至果实成熟，叶片矿质营养水平随果实的不同发育阶段而发生变化，特别是经历了花器官发育和花期的

营养消耗，使树体营养水平迅速下降导致叶色减退，树势衰弱。因此，在果肉迅速生长之前，促进养分回升，有利于果实增大并降低落果概率，栽培管理上必须重视施用壮果肥，及时补充树体所需营养。据观察，荔枝叶龄长者约2年，短者只有半年，一般为14～18个月。壮健树能保持6级枝梢的功能叶同时存在，弱树、衰老树则在新的枝梢抽出后，由于树体营养转移，老叶脱落，树体只保持1级枝梢的叶片，功能叶少，从而失去开花结果能力。管理工作若能注意叶片的生长动态，平时频施薄施，主要季节重点施，则有利于延续功能叶寿命和提高肥效。

（3）有机肥的施用

施用有机肥是促进植株生长的重要方法（图2-82至图2-87）。

①配合其他肥料用于改土：如有的果场每年于6月或11—12月改土一次，每次每株开沟2～3条，深50～60厘米，宽30～40厘米，每条沟放入猪牛粪20～30千克，绿肥20～30千克，过磷酸钙1千克，石灰1～2千克，尿素、氯化钾各0.2～0.5千克，上述肥料分2～3层埋入沟内，利于改良根际土质。

②配合化肥用于促梢壮梢和促花保果：果农计划当年培养2次秋梢的荔枝园，一般于7月施入促梢壮梢肥，按每生产100千克果实施入鸡粪40～50千克、尿素1.5～2千克、过磷酸钙1.5～2千克、氯化钾1.5～2千克的比例施用。有机肥和无机肥配合使用，其中化肥主要供第一次抽秋梢生长用，鸡粪主要供第二次抽秋梢生长用。也有用禽畜粪肥与过磷酸钙混合堆沤1～2个月，使其腐熟后在采果前后或促花时施用。

③经沤浸后水施：不少果园在园内设置粪池，将禽畜粪倒入池中沤浸，经腐熟后，在幼年植株滴水线开沟，或成年树冠下开放射沟水施，作为追肥使用，这种施肥法效果较好。

图2-82　有机肥利于根群生长

图2-83　化肥施用不宜太集中，以防流失浪费

图2-84　严禁果园焚烧枯枝、落叶、杂草等

图2-85　将枝条、落叶粉碎后，覆盖于果园畦面

图2-86　施用无公害有机土杂肥

图2-87　将枝条、落叶粉碎，再施用于果园

（4）水分的需求和管理

①荔枝对水分的需求。荔枝园土壤中水分情况与树体的生长、开花和果实发育有着密切关系，当土壤含水量在9%～16%时，根系生长很慢，23%～26%时生长速度加快，当含水量>26%则会导致落果，甚至烂根死亡。据笔者对糯米糍各器官含水量测定：其果实含水量为85%～89%，叶片含水量为46%～78%，枝条含水量为45%～49%，根含水量为44%，主干含水量为41%。定植30个月的糯米糍幼年树，水分含量占全株总重量的46.7%。成年树同一器官不同成熟度的水分含量差异很大，嫩叶水分含量为55%～78%，成熟叶片水分含量为48%～60%，老叶水分含量为46%～60%，以上表明水分对树体生长发育的重要性。

荔枝树在生长发育过程中，不同时期对水分的要求不同，其中在某一较短的时期内，对水分需求特别敏感，这一时期称为"临界期"，在"临界期"内，土壤或大气水分对荔枝的生长或开花结果起着决定性的作用。如末次秋梢萌发时缺水，新梢抽不出或生长缓慢，枝梢质量差。花芽分化时久旱，芽体处于休眠状态，花芽形态分化不能进行。通过对黑叶荔枝连续5年的观察，花序分化期水分充足，雄性比相应增大，开花授粉期间，长时间阴雨，湿度大，花粉易腐烂，而久旱温度高会降低花粉萌芽力等都与水分有关，故荔枝园应有供水条件才能保证生产的正常进行。

②树体水分失调的症状。荔枝是大型木本果树，生长期间对水分短时或小量的盈缺，反应不十分明显，随着水分盈缺程度加大、时间加长，则其症状逐渐显现，例如：A.中、老年树缺水，一般叶缘先褪绿，然后全叶褪绿，变褐色卷曲，干枯；青、少年树嫩梢首先表现褪绿卷曲，然后干枯，通常都是先干枯，后脱落。B.花穗生长发育期严重缺水、生长缓慢、单花细小，雄花量比例增加，甚至无雌花出现。C.花穗生长发育期，大气干燥，长时间吹干热风，致嫩花穗凋萎。一

般数天后抽出新侧穗。D. 幼果期缺水，落果量增加，落果期延长。果熟期久旱骤雨，加重裂果落果。丰产弱树缺水，采果后树体水分迅速失去平衡而枯死。E. 荔枝树耐湿，但不耐浸，果园长时间积水，会招致落叶、干枯。F. 主根遭地下害虫严重伤害，致地上部严重缺水枯死。

挂果期间，当白天由于叶片蒸腾失去大量水分，而根系吸收的水分不足以补充叶片水分的消耗时，果实中的水分可以补偿根系吸收不足以蒸腾的部分。因此，采果前即使是丰产弱树，一般植株不致枯死。采果后，已失去果实作为小水库所起的调节作用，而根系又未能及时恢复，树体水分的吸收和蒸腾不能保持平衡的现象加剧，入不敷出，因而导致叶片失水过度而干枯（图2-88至图2-91）。

果园缺水叶片首先表现失水症状，单叶边缘先表现失水，不卷曲，然后整片叶脱落。老弱树则反之，老叶反应较敏感，先脱落。

图2-88　果园土中缺水

图2-89　叶片缺水的典型症状

图2-90　丰产树果实采收后，叶片失水的典型症状

图2-91　丰产树采果后因缺水而叶枯树死

预防和救树的办法：A. 当年丰产弱树要注意水、肥补充，旱天要淋水保湿。B. 结果期间或采果前要薄施壮树或救树肥，减轻根系衰亡和促使及早恢复。C. 果实成熟后要及时采果或分两三次提前采收，使树体早些减轻负担和逐步适应。D. 采果后剪除衰老枝叶。施肥灌水，促使植株恢复正常生长。

③水分管理。缺乏水源的荔枝园，必须尽力做好筑梯田、修田埂、深耕改土，增施有机质肥，以及幼年树果园覆盖等措施，做好保持水土和改良土壤的工作（图2-92至图2-97）。

图2-92　山地荔枝园修建排灌水设施

图2-93　出水口略高于果园地面

图2-94　修田埂、山地梯田筑土埂保水

图2-95　旱天荔枝园应及时灌水

图2-96　荔枝园灌水设施

图2-97　喷灌、滴灌设施

荔枝放秋梢时，即使是旱天缺水，也未能引起重视，原因主要是多数荔枝园供水困难，以及对荔枝的水分需求了解不足。据测定，荔枝新梢含水量需在50%以上，缺水会影响秋梢正常生长和肥料吸收，所以，有条件的，应尽量满足树体对水分的需求，特别是老树弱树，秋梢期灌水更显重要。

要注意果园排涝，果园积水会导致土壤通气不良，进而使树木落叶烂根，甚至枯死（图2-98）。

图2-98　果园积水

三、结果树的周年管理

在果树生产中，荔枝开花结果大小年尤为突出。早在北宋年间，蔡襄所撰《荔枝谱》（1059年）就提到荔枝结果大小年或隔年结果现象，称"有间岁生者，谓之歇枝，有仍岁生者，半生，半歇也"。

邵尧年（1936年）在"二十年荔枝生产丰歉与气候关系"中指出：历年一月之气候变迁，似与荔枝生产丰歉关系较大。据笔者研究，影响大面积荔枝产量变化的最主要原因是树体的生长状态，丰收当年树体营养消耗较大，在没有得到及时补充的情况下，难以适时萌发良好结果母枝，缺乏成花结果基础。本书首先打破常规管理工作历按"春、夏、秋、冬"自然季节顺序安排，改为以"秋、冬、春、夏"为周年管理体系叙述："促秋梢、控冬梢、壮花、保果"一环扣一环，强调以前者为基础，上一年就要为下一年做好工作，抓好每一环节，才能获得最后的好结果（图3-1）。

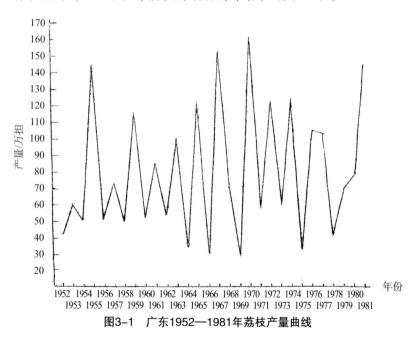

图3-1　广东1952—1981年荔枝产量曲线

注：担为非法定计量单位，1担＝50千克。

（一）培育适时壮健秋梢

荔枝树一年的营养生长始于立春。结果树春开花、夏结果，花果发育则是去年冬季孕蕾的延续。处于营养生长的植株，通常全年有多次新梢萌发。幼年树抽新梢次数较多，于春、夏、秋、冬季各抽一次，或在夏、秋跨季节时期增加一次。少数特别旺盛的幼年树、青年树在夏、秋季各抽两次新梢，故可年抽新梢五六次。老弱树通常萌发新梢只有一两次，且枝条的生长短而弱。

夏、秋季是营养生长最旺盛的时期，从顶芽开始萌发到枝梢老熟，并再次抽出新的枝梢，所需时间短者只需28天，其嫩芽萌发时已呈青绿色，具制造光合产物功能，嫩梢生长速度快，枝梢建成时间短。

冬季抽出的新梢生长缓慢，叶片出现之初呈红铜色，后转为浅黄绿色、淡绿色，这一过程需要一个多月，再经一个多月，枝梢才较老熟，全过程需要80天以上。若低温、干旱来得早，枝梢叶片只能保持黄绿色的状态，光合效能差，叶片质量低。

结果树只在当年采果后萌发1～2次枝梢，树体壮健者能在早秋梢基础上萌发晚秋梢，成为来年结果母枝，在生产上这些枝梢显得特别重要（图3-2）。

一年中结果树的营养生长期与花果发育期，后者占用一半以上时间。掌握其变化规律，可为采取相应的科学管理提供依据。

图3-2 荔枝结果累累

1. 结果母枝萌发时间

秋梢萌发至成熟的时间长短,与当年气候条件、肥水供应状况和树体壮旺程度密切相关。栽培者必须根据具体情况及品种特性,确定秋梢结果母枝最佳放梢期。

荔枝放秋梢时间,应根据地区、品种、树势而定。据研究,从花芽分化的时间与营养物质积累的关系来看,不论抽生一次秋梢、两次秋梢或三次秋梢,都必须在花芽形态分化之前充分老熟。以广州地区为例,早熟品种花芽分化在10月中旬开始,中熟品种在11月开始,晚熟品种在12月中下旬开始。根据上述物候期,早、中、晚熟品种放秋梢的时间应有所不同,各品种可根据各地区的气候特点,枝梢从抽出到老熟所需的天数,推算出放秋梢的合适时间。

(1)调控秋梢萌发期的主要途径

①放一次梢,应控早秋梢、延期抽出秋梢。采果前或采果后浅犁1～2次,除老弱树外,一般施肥在采果后进行;在秋梢抽出前,

当枝条的芽较饱满时，进行一次修剪。

②放二次梢，应促早秋梢，又促第二次秋梢。早秋梢抽出后由于树体壮健，第二次秋梢可能跟着又抽出，这时可在第一次秋梢转绿时减少水分供应，延迟施促第二次秋梢肥，并浅犁一次，切断部分吸收根，延迟第二次秋梢萌发。叶片能及时而准确地反映植株的营养状态，因此叶片分析被广泛应用于指导施肥，其分析值在一定范围内，表示适量、缺乏或过剩，以便在不正常症状发生之前及早发现并矫正。

（2）二次秋梢的作用

据对7 000株二十年生怀枝青年树三年产量的总结，培养二次秋梢有利于丰产稳产，其优点是利于扩大树冠，增厚叶绿层，增加功能叶，增大叶果比。控制冬梢，利于增加营养积累。花穗抽出较晚，利于避开清明期间的阴雨天气。二次梢比一次梢花穗短，养分较集中，雌性比增大，利于提高坐果率。

糯米糍末次梢营养分析的结果显示：成年树一次梢的营养基础明显优于二次梢，而幼年树二次梢的营养基础明显优于三次梢，无论是碳水化合物（淀粉、糖）积累或是氮、磷、钾含量，成年树一次梢增多显著高于二次梢，幼年树二次梢高于三次梢；花芽分化期，花穗抽出之前（现"白点"），氮、磷、钾营养仍在不断积累，而淀粉、糖则再转化被利用，抽梢次数多的要比抽梢次数少的升降幅度大；到了开花结果期，不同类型的末次梢营养差异更大，开花期间，叶片营养物质含量迅速降低，抽二次梢的比抽一次梢的（成年树）及抽三次梢的比抽二次梢（幼年树）的降幅显著小，至果实发育前、中期，成年树二次梢的营养反而高于一次梢，幼年树三次梢营养高于二次梢，糯米糍成年树二次梢的氮、磷、钾、淀粉、糖分含量分别是一次梢的1.01倍、1.04倍、1.05倍、1.12倍、1.08倍，糯米糍幼年结果树三次梢分别是二次梢的1.08倍、1.04

倍、1.13倍、1.01倍、1.16倍，成年树抽放二次梢、幼年结果树抽放三次梢开花结果后树体营养明显高于抽梢次数少的树，其优势也逐渐显露。

2. 优质结果母枝应具备的基本条件

荔枝秋梢生长状态理想与否，主要看枝条粗度、长度、叶片数和充实程度。结果母枝粗度增大，每穗果数增加，结果母枝越粗其坐果能力越强。但结果母枝长度并不是越长越好，良好的结果母枝，要求具备下列条件。

①长度适中，依品种、梢次、树势而异。早熟品种或枝条疏而长的品种，如三月红、白蜡、黑叶等，一次梢以15～22厘米为佳，二次梢总长以25～35厘米为佳。中、迟熟品种，如怀枝、糯米糍等一次梢以12～18厘米为佳，二次梢总长以18～22厘米为佳。老弱树枝梢偏短，青、壮年树枝梢偏长，在一定范围内枝梢长的比短的好，过短时叶片数量少，但枝梢过长则消耗营养多，成花难，且枝条数量少，不利于提高总花穗数。

②结果母枝的粗度与开花结果可靠性成正比。秋梢越粗壮，表明营养积累越多，则开花结果越可靠。早熟品种，如三月红、白蜡、白糖罂、妃子笑等，末次秋梢中部粗度在0.45厘米以上为佳；中、迟熟品种，如糯米糍、桂味、怀枝，末次秋梢中部粗度在0.4厘米以上为佳。有些纤弱的枝梢，虽能成花，但落花落果很严重。

③秋梢叶片生长正常，数量多，并充分老熟。在一定范围内结果母枝叶片面积与结果量呈正相关，早熟品种秋梢以有60～70片叶为佳，中、迟熟品种放一次梢以有25～30片叶子，放二次梢以有50～60片叶为佳。若以叶果比为4.5：1计，一般平均每穗可结果5～15粒。叶片充分成熟的感官标识是单叶厚、叶柄和叶尖对折，轻压弯曲处主脉易断。花芽分化之前壮旺树叶色减退，以呈橄榄绿色为佳。

④秋梢老熟后不再萌发冬梢。

⑤丰产稳产树要求保持两次以上枝梢的叶片同时正常生长,并尽量延长功能叶的寿命。

三枝条长在同一母枝上,其中壮健的能形成纯花穗,正常开花;第二枝梢生长较弱,生长出带叶花穗,第三枝梢生长弱,叶片较少,没有抽出花穗,只抽出枝梢(图3-3)。

图3-3 质量不同的结果母枝与其开花关系

结果树淀粉的积累在1月达到最高峰,此后随着枝梢生长或开花结果转变成还原糖、全糖等,以满足花器及果实的发育或嫩枝梢生长的需要。树体的有机营养除淀粉外,其开花、结果及枝梢生长还离不开蛋白质。蛋白质是由氨基酸组成的,氨基酸的种类和数量直接影响荔枝的氮素代谢和果实品质。据测定结果,兰竹荔枝叶片有天门冬氨酸、谷氨酸、丝氨酸、甘氨酸、组氨酸、苏氨酸、丙氨酸、精氨酸、脯氨酸、酪氨酸、蛋氨酸、缬氨酸、半胱氨酸、异亮氨酸、亮氨酸、苯丙氨酸、赖氨酸17种氨基酸。通过对糯米糍春、夏、秋梢的叶片进行分析，结果表明：12月下旬至翌年1月下旬，叶片全氮和蛋白质氮的含量降低，而还原糖、全糖的含量升高，1月下旬蛋白质氮含量为1.39%～1.40%，全氮含量为1.57%～1.58%，还原糖含量为0.67%～0.92%，蔗糖含量为0.75%～1.61%，而淀粉的含量以1月下旬最高，非蛋白质氮在冬季的变化不大。

不同生长发育阶段的秋梢见图3-4，壮健秋梢抽出的花穗则花量适中（图3-5），并且壮健花穗的坐果率也较高（图3-6）。

1—营养充足；2—抽出壮健秋梢，转绿快；3—枝条分布较均匀，阳光利用率高；4—秋梢壮健。

图3-4 不同生长发育阶段的秋梢

图3-5　壮健秋梢抽出的花穗

1—妃子笑；2—新兴香荔；3—三月红。

图3-6　壮健花穗其坐果率较高

3. 结果母枝粗度与有机营养

结果母枝的质量高或低可从枝梢的生长状态及其营养积累情况进行判断。在花芽形态分化之前，不同植株所处的生长进程有所不同。有些植株枝叶浓绿，顶芽未萌动；有些植株的顶芽正在萌动；有些新梢伸长，嫩叶为红色、黄绿色或青绿色；也有些不带叶片而成短光棍枝等。各种各样的生长状态，其营养积累不同，成花结果也有显著的差异。

荔枝的枝梢生长状态理想与否，重要的是看枝条粗度、长度、叶片数和充实程度。据调查，无论是何品种（糯米糍、怀枝、桂味等），也不论是老年结果树或初结果幼年树，随着其结果母枝枝条粗度的增大，每穗果数同时增加，增加的幅度亦较大，同时，叶果比降低。结果母枝越粗其坐果能力越强，但是从枝条长度来看，并没有这个明显的规律，即结果母枝越长结果能力不一定就越强。也就是说结果的枝条长度并不是越长越好，这可能与结果母枝太长、营养生长旺盛引起枝条不充实有关。在所调查的荔枝树中，结果母枝粗度小于4毫米的枝条占60%以上，看来枝条还是普遍偏小，因此在培养结果母枝上还需花功夫。对结果较多和结果较少的桂味幼年树的调查显示，枝条较粗、长，叶片较多的树，坐果率较高。而且结果较多的树，其结果母枝粗度级次高的枝条所占比例大，而结果较少的树弱枝占了较大比例，如小于3毫米的枝条就占了58%，而这种枝条的坐果率仅为1.8果/穗，总的结果能力较差。

在荔枝营养性休眠期到花芽分化期，叶片及枝条内淀粉有明显的蓄积现象，良好的营养生长，能积累足够的营养物质为转向生殖生长打好物质基础，没有这个物质基础，比叶芽复杂得多的花芽形态建成是不可能的。

4. 短枝采果的利弊

荔枝果穗基枝即结果母枝顶端部分节密、粗大，俗称"葫芦节"或"龙头丫"。在密节处折果枝，留下粗壮枝段，俗称"短枝采果"。由于留下枝段营养积累多，潜伏芽体休眠较浅，萌发新梢容易，且生长快，枝梢壮健，利于培养成优良结果母枝。

中、迟熟品种采收期较晚，采果后恢复时间短，采果时若折枝过长，会把"葫芦节"折去，使抽梢迟而弱，影响翌年开花结果，

荔枝优质丰产栽培技术图说

出现"采果折去龙头丫，一年采去两年果"。故中、迟熟品种，特别是老年树，一般应实行"短枝采果"，折果枝不带叶或尽量少带叶，利于抽出秋梢。

早熟品种如三月红、白蜡等收果期早，时值高温多雨季节，新梢生长快，尤其是长势壮旺的树，若留下"葫芦节"，会萌发更多无效枝梢，增加养分消耗，枝梢生长弱，不利于翌年开花结果。要培养两次秋梢的树，可实行短枝采果，只培养一次秋梢的树，一般不必留"龙头丫"，摘过"龙头丫"后植株成花多、果多（图3-7）。

图3-7　短枝采果与新梢生长的关系

短枝采果的好处：一是树势恢复快，抽梢早、结果母枝多；二是成花率高、果多、产量高。短枝采果，在"龙头丫"处折断，尽量保存枝梢绿叶。

"短枝采果"有其优点，但是否采用，应视品种、树势而定。

5. 秋季修剪

（1）修剪作用

①修剪对调整新梢的数量、萌发时间和提高梢质起着重要作用。

②协调个体生长和结果的平衡。

③改善群体内植株彼此的关系。

④改善光照环境，利于提高光合效能，并减少病虫害。

（2）修剪时期

结果树修剪分秋剪、冬剪和春剪。秋剪通常在采果后1个月内，第一次秋梢老熟后，或第二次秋梢萌发前进行。冬剪在冬至后至花穗抽出前进行，但暖冬应慎用。

（3）修剪原则

成年结果树已进入生命周期的结果盛期，树体消耗多，因此修剪宜较重，使养分集中于留下的枝条，促进秋梢萌发，确保翌年开花结果。内膛枝去留视品种而定，三月红、圆枝、黑叶、桂味等枝条较疏，阴枝也能结果，可适当多留。怀枝、糯米糍等树冠内膛较为荫蔽，难以结果，宜视需要少留或剪除。修剪后的枝梢密度，以糯米糍为例，每平方米树面约具40条末次枝梢较为理想。

（4）修剪的对象、方法和注意事项

修剪的对象主要是过密枝、阴枝、弱枝、重叠枝、下垂枝、严重病虫枝、落花落果枝，以及枝干不定芽长出的"贼枝"、枯枝等。只有遭受严重自然灾害，如台风、天牛，或其他影响因素导致骨干枝已失去利用价值时，才锯掉大的枝条（图3-8至图3-10）。

（5）修剪方法

修剪方法主要采用短截和疏剪。

①短截：又称剪短、短剪或回缩，即剪除枝梢一部分。其作用为经短截后新梢密度增加，光线变弱；缩短根叶距离，水分、养分上下交流加快；改变了部分枝梢的顶端优势，调节枝条间平衡关系；有利于枝条的更新复壮。

②疏剪：即将枝梢从基部疏除。其作用为减少分枝，增强光照，较重的疏剪失叶太多，会削弱整株树的生长量，但轻疏剪反而会增加生长量；疏剪（尤其是大枝）在基枝上形成伤口，阻碍营养物质的运输，对伤口上部的枝梢有削弱作用，对伤口下部枝芽有促

进生长作用；疏去密生枝、细弱枝和病虫枝，因减少养分消耗，能壮化留下的枝条。

图3-8　各种质量低劣的秋梢

图3-9　必须及时修剪的各种不良枝梢

图3-10 修剪后抽出的新梢要及时定梢定位

修剪时宜从树冠内部的大枝开始，向树冠外围进行。剪完后保持树冠周围枝条分布均匀，有较厚绿叶层，以阳光透入树冠，地面现出"金钱眼"（即树冠下有分布均匀的小圆圈）为度。经修剪后，会促进大枝剪口附近不定芽萌发，扰乱树形，消耗养分，必须及时除掉。

注意事项：A. 以促使新梢萌发为目的时，修剪务必与施肥、松土配合，才能产生较好效果。B. 荔枝树干和大枝忌烈日暴晒和霜冻，修剪时既要剪除无效枝叶，又不得将树冠顶部剪得过重，防止树冠顶部裸露晒伤枝干。C. 结果多、树势弱、叶色黄绿的树在采果后不宜马上修剪，否则，重者可致其枯死。须待施肥后，叶色转绿，树势稍恢复时才能修剪。

6. 秋季管理工作注意事项

（1）施肥与修剪的关系

先施肥后修剪。在正常天气条件下，培养适时优质结果母枝的关键措施是施肥和修剪。肥料是基础，修剪是调控枝梢萌发期和提高梢质的有效手段，两者应密切配合使用。长势一般的树，促梢时施肥与修剪的关系应该先施肥后修剪，施肥比修剪要提早15～20天。一方面使枝梢有较充足的营养，芽处于成熟且较自然的萌发状态；另一方面使肥料能及时供给新梢需要，以便保证新梢质量。

（2）修剪与放多次梢的关系

修剪在放末次梢之前进行。上年度修剪正常的结果树，因本年度上半年开花结果，没有新的枝梢生长，采果后枝条不会太密，故采果后不必急于剪枝。第一次秋梢抽出后，枝条密度增加，其中对部分生长纤弱、不利于萌发壮健末次梢的枝梢，在末次梢萌发前进行疏剪或短截，每条基枝只留1～2条枝梢，个别特别粗壮的基枝可留3条，使养分集中，以保证末级梢的质量。

（3）一次梢和多次梢与施肥的关系

必须保证末级梢的用肥量。目前不少果农在生产上普遍一次性重施采后肥，且以化肥为主，这样对培养两次梢或三次梢的果园，表现为第一次梢生长尚粗壮，但第二或第三次梢则因肥料不足，枝条数量多而纤弱，以致明年少花、无花或有花无果。因此对培养多次秋梢的果园，应施多次肥，最好以有机肥和无机肥配合，保证提供充足肥料给第二或第三次新梢利用。

需要注意的是，一次性施入较重化肥，促使抽出大量旺盛秋梢，本以为很理想，但枝梢老熟后，距花芽分化尚早，枝梢顶部数芽饱满，入冬前数芽同时萌发，土中肥、水不足，以致抽出的第二次秋梢量多而梢弱。在此提醒果农，若拟培养二次秋梢的果园，施肥量一定要合理分配。

（4）末级梢的质量是明年能否开花结果的基础

各地对糯米糍、桂味、黑叶、怀枝、妃子笑、白糖罂等品种结果量与结果母枝粗度关系的调查结果都表明，结果母枝粗度与结果量成正比，充分成熟、生长正常的末级梢越粗，明年结果越可靠，结果量越多。所以，秋季果园采取的各种农业措施，都必须围绕培养粗壮的末级梢作为明年的结果母枝。

（二）控制冬梢，促花芽分化

1. 冬季枝梢生长状态

荔枝枝梢冬季的生长状态依品种不同差异很大，早熟品种如三月红11月已抽花穗，早花元旦开始开放，故进入冬季枝梢是否有花已成定局，中、晚熟品种进入冬季枝梢生长状态较为复杂，如迟熟品种糯米糍、桂味和怀枝等，其枝梢生长状态大体上有以下几种情况。

①新梢嫩叶呈红色。由于干旱或其他原因，新梢于11月上旬抽出，若树体壮健，经加强管理，可能成花，但花量少，花期晚。

②幼叶脱落、枝梢呈深褐色，俗称光棍枝。这种枝条在秋季抽出后，树体营养不良或天气干旱，会导致其停止生长，进入相对休眠状态。通常这种枝条不会再抽出冬梢，但如不进行处理，则花芽分化早、花期早，花质差，结果率低。

③秋梢顶部抽出瘦小无叶短梢，长度在0.5厘米以下，顶芽鳞片抱合、褐色。这种短梢，通常是基枝未充分老熟，顶芽又萌发伸

长，后因营养不足或气候不适而停止生长。

④秋梢已老熟，但顶芽细小，呈褐色，这种枝梢萌发冬梢的可能性小。

⑤秋梢已充分老熟，顶芽饱满，鳞片松开，呈浅绿色或绿色，若外界条件合适，萌发冬梢的可能性很大。

⑥秋梢顶芽粗壮，略伸长，呈绿色，生长缓慢，若降雨后吸收了充足的水分，即会继续生长，成为冬梢。

⑦11月中旬及其后抽出的冬梢，枝条细弱，叶小而薄，叶呈红色或黄绿色。荔枝花芽的形态建成比叶芽需要更丰富的结构物质，包括光合产物、矿质盐类，以及以上两类物质转化合成的各种碳水化合物，各种氨基酸和蛋白质等。上述各种状态，若枝梢充实，养分积累多，有利于植株由生长状态转入生殖状态，成花的可靠性增大。枝叶红棕色时，说明枝梢不充实，养分积累少，成花的可能性小。

冬梢生长期长，叶片光合作用效能差，少数早冬梢或晚冬梢能开花结果，大多数冬梢难有经济效益，应及早控梢（图3-11）。

2. 花芽形态分化程序

花穗的生长发育，始于花芽形态分化，继之从枝梢顶芽或侧芽抽生花序，出现花蕾，直至开花，这段时间称孕蕾期。其后进入开花结果期。

荔枝优质丰产栽培技术图说

1—萌发初期，其新梢呈红色；2—新梢叶片正在迅速生长；3—叶片大小基本已定，正处于充实中。

图3-11 不同生长状态的冬梢

110

（三）花芽形态分化

据研究，糯米糍荔枝的花芽分化过程可分为花序原基分化、花器官原基分化和发育两个阶段。圆锥花序原基分化顺序是由基部向上，伞形花序中花器官原基的分化是从花萼、雄蕊到雌蕊。当年花芽分化开始于12月中旬左右，到了来年的3月下旬花器官分化基本完成，历时3个多月。在这期间花序原基分化从12月中旬左右持续至1月中旬；花器官分化是1月中旬开始到3月下旬。花序原基分化要1个月左右，花器官分化要2个多月。通过两年的切片可看出，属于同一分化时期的花芽，前后可相差1个月左右，花穗轴和雌蕊分化期拖得更长。所以，从一株树，一条枝，甚至一个花序来说花芽分化不是同时发生的，而是一个相互交替连续演变的过程。

通过电镜扫描和光学显微镜观察对比，进一步明确形态分化过程。据对早熟的三月红、中熟的黑叶、晚熟的怀枝3个品种的观察，不同的荔枝品种，花芽分化的过程相似，可分为3个时期。

①未分化期。生长锥呈宽圆锥形，顶部钝圆而不尖。

②花序原基及花序分枝分化期。生长锥更加肥大宽圆，近似半球形。包含有叶和花的原始体，主轴上着生叶片，叶腋间产生花序的第一级分枝原基，再依次产生二级分枝、三级分枝和小穗轴原基，随着主轴继续伸长，产生越来越多的分枝，直至主轴顶端进入花器分化时，花序的伸长和分枝才停止。

③花器形成期。花器官的分化是由外到内，依次分化萼片、雄蕊和雌蕊，未见有花瓣。A. 花萼分化期：在明显伸长的顶端生长锥周围，数枚突起（多数4枚）为萼片原基，突起渐伸长并向内侧弯曲，将中心生长锥包围，形成花蕾。在萼片发育过程中，逐渐产生茸毛。B. 雄蕊分化期：萼片发育至一定程度，中心生长锥周围

再次形成比萼片稍多的数枚突起（一般6～7枚），为雄蕊原基，其后在与雌蕊发育的同时，发育成花药与花丝。C.雌蕊分化期：随着雄蕊原基的发育增大，中心生长锥两端又产生两枚片状突起，为心皮原基，生长锥变平，中心线下凹，形成两室，其后左右两心皮同时向中部延伸，各自在中心凹线两侧相连，成为两个完整的子室，外壁逐渐产生茸毛，子室内各形成一枚胚珠，最后子室上端延伸成花柱、柱头。

从分化过程看出，由花序原基形成到雌蕊心皮出现之前的各个分化期，中心生长锥均呈丰满状态，只是在心皮出现以后，中心生长锥才变为平顶，进而中央凹陷。

据观察，荔枝只有雄蕊不完全的雌花、雌蕊不完全的雄花及两性花未见不具雌蕊的雄花。上述各型花都有雌蕊分化，但雌蕊形成后，雌、雄蕊发育速度不同，形态上逐渐表现差异。雄蕊不完全雌花的子房在形成后发育迅速，而雄蕊发育较慢，花柱先突出萼外；雌蕊不完全雄花的子房，形成后发育较慢，仅具短小花柱即停止发育，雄蕊此时却加快发育而突出萼外；两性花的雌、雄蕊发育速度相近，可以认为荔枝花性的决定期较迟，在雌蕊分化过程中雌、雄蕊进一步特化以前及时采取措施控制花性的可能性存在（图3-12、图3-13）。

不同地区、不同品种或同一果园、同一品种，花芽分化虽有时间差异，但都有一个基本的开始时间和终止时间。据在珠江三角洲产区的调查，见"白点"的时间：三月红在10月中下旬；黑叶品种在11月；糯米糍、桂味、怀枝等品种在12月中下旬。花芽分化终止时间：三月红在12月；黑叶在1月上旬；糯米糍、桂味、怀枝在2月。

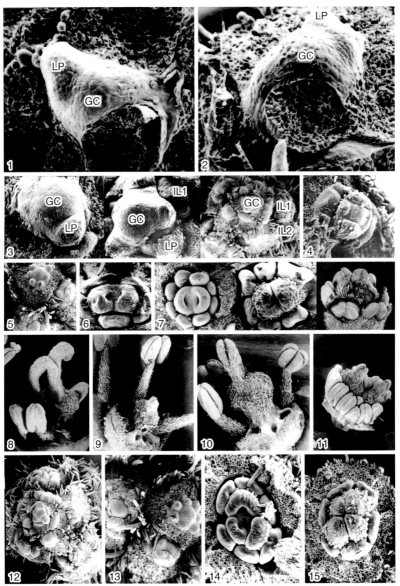

　　1—未分化期：生长锥呈宽圆锥形，顶部钝圆；2—花序原基分化期：生长锥更加肥大宽圆，近半球形；3—花序分枝的分化；4—萼片分化初期；5—雄蕊分化期；6—雌蕊分化期；7—雌蕊形成期；8—雄蕊不完全雌花；9—雌蕊不完全雄花；10—两性花；11—2个子房；12—花穗多级分枝；13—单个心胚；14—3个心胚；15—4个心胚。LP—叶厚基；GC—生长锥；IL1—花序第一级分枝；IL2—花序第二级分枝。

图3-12　扫描电子显微镜下荔枝花芽形态分化

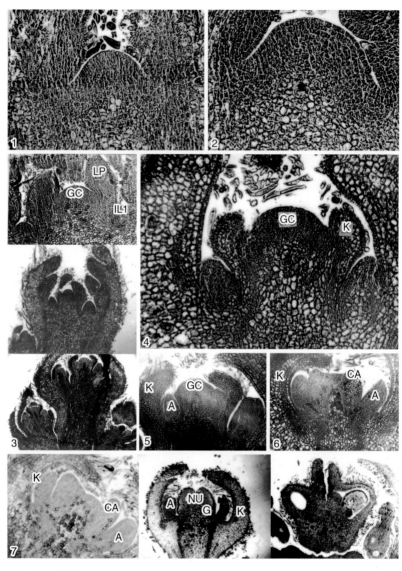

1—未分化期：生长锥呈宽圆锥形，顶部钝圆；2—花序原基分化期：生长锥更加肥大宽圆，近半球形；3—花序分枝的分化；4—萼片分化初期；5—雄蕊分化期；6—雌蕊分化期；7—雌蕊形成期。LP—叶厚基；GC—生长锥；IL1—花序第一级分枝；K—萼片；A—雄蕊；G—雌蕊；CA—心皮；NU—胚珠。

图3-13　光学显微镜下荔枝花芽形态分化

1. 温度、湿度对形态分化的影响

（1）温度对花芽形态建成的影响

冬季低温与花芽形态分化的关系十分密切。荔枝的开花期及采果期每年都有差异，如1983年广东省荔枝产区开花期普遍比1982年迟一个季节，1985年也比1984年迟一个季节，这都说明花芽分化及开花与气候有密切关系。但不管花期是提早或推迟，花芽分化总是在每年冬季低温期，特别是迟熟种，在低温期的冷锋过后才出现"白点"，低温期冷锋来得越早，气温越低，冷锋过后越早出现花芽；冷锋来得迟，气温越高，冷锋过后越迟出现花芽，甚至不能形成花芽。显而易见，低温有促进荔枝花芽形成的作用。据统计，广州市从化区荔枝丰产年极端低温多数在-1.4～1.5℃，在25年中的10个丰收年，其极端低温都在此范围。但极端低温对当年丰产的作用不是绝对的，例如1976年极端低温0.4℃出现在上年的12月下旬，低温期和低温程度都很理想，但结果却是小年。

0～10℃低温，且持续时间较长，更有利于花芽形态分化。不同品种花芽形态分化对低温的要求不同，早熟品种三月红在10月中旬平均气温25.8℃，在日平均最低气温22.9℃的条件下，芽体可进行形态分化。12月中旬花器官分化基本完成，全过程共70天，0～23℃积温共1 028.3℃。晚熟品种怀枝在12月中旬平均气温16.1℃，日平均最低气温11.8℃时可进入花芽形态分化，翌年3月中旬基本完成，全过程共100天，0～14℃积温共639℃。晚熟品种比早熟品种对低温的要求更加严格。对荔枝产区的调查和单株的观察发现，晚熟品种糯米糍、桂味等充分老熟的壮健秋梢，经连续3天0～10℃的低温期，过后气温逐渐回升至18℃以下，冷锋后12天秋梢顶芽可见"白点"。0～10℃的冷锋出现越早，冷锋期过后出现的"白点"越早，这一现象说明在综合影响因子的作用下，气温发挥主导作用。通过对中熟品种黑叶同一植株连续五年的观察发现，尽管开花期各年各有先后，但始开花期50天≥0℃

活动积温年际变异系数最小（$CV=2.61\%$），其变异值仅在±30℃范围内，具有良好的稳定性。始开花前50天正是雌、雄蕊从分化到成熟的时间，需要一定的积温满足花器官的生长发育，其平均值为824.5℃。

　　高温促进叶片生长，抑制了花器官的形成；反之，适当低温促进小花枝和花器官的分化和发育，抑制嫩梢的生长。如糯米糍、怀枝等品种，0～10℃时间长和温度低，有利于花序分枝和花芽分化。此时，小嫩叶被冻枯脱落，形成分枝多、花穗大、花量多的局面。在11～14℃时花芽继续发育成为有经济价值的花穗；18～19℃时可形成带叶花穗；气温25℃出现的时间长，则营养枝生长较快，正在发育的短花穗衰退消失（图3-14）。

1—正常生长花穗；2—先叶后花；3—先花后叶；4—花穗在春梢迅速生长中凋萎。

图3-14　花序发育过程的变化

图3-14（续）

　　带叶花枝可在花穗发育期间，用40%乙烯利喷杀幼嫩小叶，早熟品种如三月红、妃子笑可用每50千克水加乙烯利13～15毫升喷杀幼嫩小叶；中、迟熟种如糯米糍、怀枝每50千克水加入15～20毫升乙烯利喷杀幼嫩小叶。喷药时，喷雾器打足气后在花穗喷一次即可，4天后嫩叶变形、停止生长并脱落（图3-15）。

图3-15　及早剪除不良花枝

（2）湿度对花芽分化的两面性

在冬季，果农普遍重视的是制水控梢，科技人员强调的是提高树液浓度，这已成为人们的共识。

对于早前笔者提出的花芽形态分化时，芽体必须处于萌动状态，还未被很多果农理解，当气温下降有利于花芽分化时，却因干旱迫使芽体仍处于休眠状态，有的有灌水条件的果园也因怕抽新梢而不敢浇水。后因雨天而错过花芽分化的最佳时段，这一现象多数出现在优质晚熟或大宗生产的品种上。如果形态分化太晚，到立春后仍未见"白点",则问题较大,因为立春后,时有"回南天",当气温20~25℃并伴着小雨达三天以上时,通常"白点"就消失,花变梢,这种现象在生产上很常见,甚至质量不错的秋梢因干旱,甚至连"白点"也没见过。

花芽分化的最佳时段,如小寒至大寒,果园仍处于干旱,芽体鳞片抱合,呈褐色,触感硬,此时就应淋透一次水,这一时段是一年中最冷月(包括气温和土壤温度),即使淋透一次水,也难促使萌发新梢,只会解除休眠促使芽体萌动,并转入花芽形态分化。

(3)温度、湿度对树体影响的极限性

荔枝树体的生殖生长中,其生态受自然条件的制约,例如:冷有干冷、湿冷之分;热有干热、湿热之别;湿有阴湿、阳湿之异。同一因子,如以不同程度和形式出现,也可能导致不同的效果。如在湿热情况下"白点"可能消失,转为萌发新梢。在栽培中如何使树体朝栽培者希望的方向发展,这就是我们要采取措施解决的科学问题。

2. 人为机械作用对树体的影响

环割、环剥的主要作用是调节树体营养物质的交流,阻止光合产物向枝条下部运送,增加处理部位上方有机物质的积累,减弱下部的活动功能,控制冬梢的抽出,促进花芽分化,保果、壮果。

大型果树如苹果,在栽培措施中,早已有环割、环剥的记载,其经验是环割、环剥后要注意对形成层的保护,以利于日后皮层的及时恢复。

荔枝环割、环剥通常在秋梢老熟后进行,在生产上有良好的效果(图3-16、图3-17),但依品种和植株的壮旺程度而有差异,环剥对如糯米糍青幼年壮旺树效果较佳。经推广后,有的处理不当,伤害太重,以致树死,后经科技人员改进为螺旋环剥,死伤情况得到改善(图3-18、图3-19)。

研究表明，环割（2次）与螺旋环剥对荔枝叶片的光合产物积累和提高可溶性糖水平的作用基本一致，在提高结果率及增产效应上差异较小，环割（2次）可起到螺旋环剥的作用，从易操作和技术安全性考虑，环割值得进一步进行试验。

图3-16　环剥后伤口下部不定芽抽出的枝梢

图3-17　主干经环割后的恢复情况

图3-18 螺旋环剥后枝干的恢复状况

图3-19　环剥后伤口的恢复现状

　　荔枝枝梢冬季的生长状态依品种不同差异很大，早熟品种如三月红11月已抽花穗，早花元旦开始开放，故进入冬季枝梢是否有花已成定局。中、晚熟品种进入冬季枝梢生长状态较为复杂，应采取相应措施。

　　①10月下旬至11月上旬抽出的新梢，嫩叶红色，一般用促的办法，加速其生长和转绿，越快越好。管理措施：喷根外肥；天气干旱淋水1～2次；新梢条数多的应疏梢，使养分集中，提高梢质；注意防虫保叶。

　　②新梢在11月前抽出，幼叶已脱落，枝梢呈深褐色，部分出现短分枝，生长停止，已进入休眠状态。12月上旬之前可不促不控，12月中旬剪去光棍枝，促使有叶。

　　③枝梢顶芽瘦小，长度在0.5厘米以下，顶芽鳞片抱合，褐色。这种状态的芽，抽冬梢的可能性很小，可以不促不控，让其自然生长，积累养分准备来年春季抽花穗。

　　④11月上旬以后抽出嫩梢，枝梢细弱，叶小而薄，叶色黄绿。

　　⑤嫩梢粗短、绿色，未展叶。当气温合适或下雨时，这种枝梢即继续生长。

　　⑥顶芽饱满，色浅绿或绿，鳞片松开，反映出枝梢已充分老熟，若水分和温度合适，萌发新梢的可能性很大。

上述④、⑤、⑥种枝梢，应通过喷药、环割、缚扎铁线、摘短冬梢、深锄断细根等相应措施控制冬梢萌发。

3. 树体遭冻害现状和冻后管理

（1）冻害现状

历史上荔枝大面积遭受严重冻害的情况少见。1999年12月22—25日，广东出现了罕见的平流降温和辐射降温天气。其特点是白天阳光普照，气温上升，夜晚气温骤降至0℃以下，致大面积霜冻或冰冻，有的地区最低气温为-5℃。这股寒流若持续4～5天，广东全省荔枝受害面积可达160多万亩。其主要症状如下。

①叶片及枝梢迅速干枯：受冻害枝叶经阳光照射后，冰霜急剧融化，叶片失水凋萎，但不马上脱落，受害较重的整株叶片干焦，很快枯死。

②叶片缓慢干枯：症状主要表现在叶柄及叶片主脉变褐色，输导组织遭破坏，致叶片失水，逐渐干枯脱落。

③幼年树和苗木受害严重：其受害部位自主干基部向整株树冠扩展，植株主干和骨干枝皮层纵裂，出现皮层与木质部分离，叶片失水，致全株枯死。

④成年树受害较轻：其伤害主要表现在树冠顶部，向中、下部扩展，小枝条及叶片全部干枯，各级枝条遭冻害程度不同，重者出现枝条皮层纵裂，继而干枯，前后历时20多天（图3-20至图3-22）。

图3-20 大面积荔枝园受冻害状况

图3-21　枝条皮层遭冻裂

1—苗木冻死；2—幼年树整株叶片冻死；3—幼年树主枝皮层裂后脱落。

图3-22　树体遭冻害各种症状

（2）冻后管理

气温回升后，对受害较轻的树可喷根外肥，促进叶片及早恢复；勤施薄施土壤肥料。要特别提及的是灾后（指当年）不要急于修剪，更不要在枝条受害部位未明的情况下急于枝干回缩，以免对树体造成第二次伤害。因冻害时间距立春尚有40天，而1月（小寒、大寒）正是一年中月平均气温最低、寒潮入侵最多的月份，重修剪或回缩后难以萌发新梢，加上修剪后树冠暴露，有可能再次遭受冻害，故宜在立春天气稳定回暖，有利于新梢萌发时再进行重修剪或回缩（图3-23）。

图3-23 遭冻害后枝条的恢复状况

（四）调控花量，提高品质

1. 开花习性

荔枝开花期1—4月，开花早晚依不同品种、立地、年份和树体状况而异。早熟品种如三月红在广州早开花的年份中元旦便开始开花；晚熟品种如雪怀子在广州4月上旬才开始开花。单株开花期长短不一，短的只有20多天，长的有70多天。荔枝昼夜都能开花，如糯米糍8:00—16:00开放的花量占昼夜的70%，一天中9:00—14:00雄花的花粉囊开裂最多，雌花主要在上午开，中午、下午开放得很少。

荔枝花穗以单花、小穗和聚合小穗为基本形式构成（图3-24、图3-25）。所谓聚合小穗，是指它由多个小穗分级组成一个大型小穗，其形式和开花程序与3花型小穗一样，分级先后由主小穗中央一花先开，然后两侧两花同时开放，依级次进行。不同模式的开花程序大体如下。A. 单花：一次开放完毕，几乎都出现在弱树、花芽分化晚的弱枝条，花性单一，多为雄花，也有都是雌花。B. 3花型：一般先开雌花，后开雄花，花期10～20天，通常都是从晚秋梢上抽出，花量少。C. 7花型：多数先开雄花后开雌花，以雄花告终，大多数品种以这种形式开放，花期20～30天。D. 15花型：花期有4批花先后开放，通常先开两批雄花，跟着雌花，最后雄花，早熟品种花期30～40天。E. 31花型：这种类型未见报道，同一花穗的聚合小穗先后分5批次开放，以特别粗大的雄花为先导，跟着又是两批雄花（也有雌花），然后雌花，最后以雄花结束，这种模式在三月红上可以见到，花量多，花期长，单穗花量多达4 891朵，开花期长达72天。在同一花穗中，15花型和31花型聚合小穗着生于花穗基部，开花期稍早，因此，有时出现不同排列模式的小穗和聚合小穗的雌、雄花同时开放，从而出现了开花期单次或多次同熟的现象。

　　由于植株、花穗或花朵状况的差异，整个果园中雌、雄花同熟的情况存在，从而为雌花提供花粉的客观条件也存在，授粉的主要问题在于花粉是否得到传播和充分的利用。

1—雄花；2—雌花。

图3-24　盛开的雄花和雌花

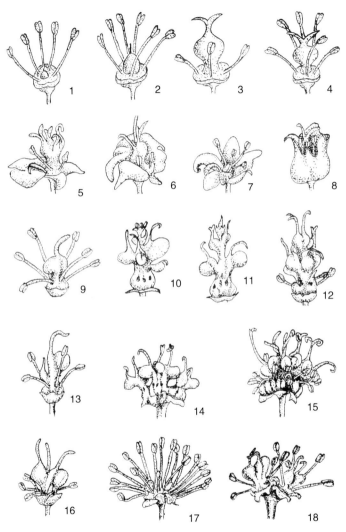

　　1—雄花；2—雌蕊不发育雄花；3—雄蕊不发育雌花；4—两性花；5～8—花萼的各种畸形变态；9—单心皮雌蕊两性花；10—雌蕊中央再长出一朵小雄花；11—雌蕊中央再长出一朵小雌花；12—9枚心皮呈两层三角形重叠生长；13—雌蕊–心皮萎缩–心皮发育正常；14—9枚心皮并排生长；15—11枚心皮并排生长；16—2枚心皮中央生一杆状构造；17—雄蕊数目19枚的雄花；18—2朵花生长在一个花梗基部相互愈合。

图3-25　荔枝花各生态

荔枝优质丰产栽培技术图说

2. 花开花落

荔枝开花后，会出现大量的雌花脱落，特别是花量较少，又遇上低温阴雨天气损失更大。据调查，开花后的10天内，雌花脱落三月红达96%，黑叶达71%，糯米糍达49%。同一植株在自然条件下，不同日期开放的雌花脱落情况相似（图3-26至图3-28）。

说明这种落花主要是生理原因所引起。为了进一步了解这种生理现象，在三月红、黑叶、糯米糍三个品种盛花期，各标定120～180朵雌花，并除去可能与之相遇的雄蕊，隔离不经授粉，逐日观察，其结果都是在10天内全部脱落。后期脱落的花，子房稍长大，易被误认为幼果，其实落花时其离层产生在花柄下部，故落花带花柄，落果时其离层产生在果柄上部，故落果不带果柄。

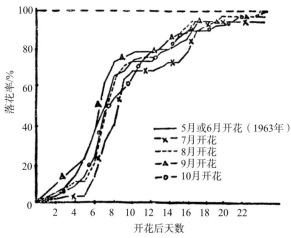

图3-26　黑叶不同日期开放的雌花脱落情况

128

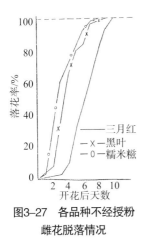

图3-27 各品种不经授粉
雌花脱落情况

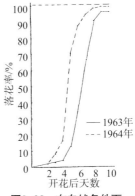

图3-28 在自然条件下,
雌花脱落情况

不同生长时期的花穗情况见图3-29至图3-31。

图3-29 将开或正在开雌花的花穗花量适中

图3-30 植株开花盛期

图3-31 花期结束后的花穗

荔枝花在树体各器官中，氮、磷、钾的含量最高，花量多，如一株十九年生的怀枝，有花穗2 161穗，花量230多朵。在100多天的花器官发育过程中，消耗了树体在秋、冬季积累的碳水化合物和各种矿质营养。上述花量要消耗的氮素约等于尿素1千克，磷素约等于过磷酸钙0.7千克，钾素约等于氯化钾0.6千克。大量幼果的发育同样需要消耗很多营养，致树体负担过重造成严重落果，故花果量过多时应适当疏花疏果。

目前荔枝疏花在生产上应用较普遍的品种是妃子笑，其方法是将立春前抽出的早花穗从基部抹除。经抹除后再抽出花穗，在雨水前后，对基部无侧穗的单枝花穗长度8～10厘米时剪去顶部，剪除部分的长度为花穗的1/3～1/2，促使侧花穗发育。通过抹除或剪短后的花穗基部，侧穗数量增多，必要时可再进行疏侧穗，进一步减少花量，提高花质。

荔枝疏果目前尚少在生产中应用，对结果量多的树，可在第一次生理落果后酌情疏去小部分。

3. 气象条件对开花结果的影响

荔枝开花后能否结果，除与开花习性有关，更受热量和降雨的影响。花朵开放传粉，花粉发芽、卵子受精等均与温度、水分密切相关。

（1）热量条件

①温度对始花期早晚、开花期长短和花量的影响：对黑叶荔枝的研究表明，开花前当年的一月上中旬若平均气温≥15℃，最低气温＞12℃，则始花期推迟至4月6日，花期相应缩短；若平均气温为13℃，最低气温≤10℃，始花期均在4月1日或以前，花期亦延长至15天或以上。一月上中旬若有最低气温≤5℃的天气出现，则始花期均在4月1日或以前，且出现此低温值的日期越早，始花期越提前。研究结果还表明，花期平均气温与花期长短呈负相关关系，相关系数为-0.975 5；花期活动积温≥0℃及最大气温日较差却与花期长短呈正相关关系。当花期平均气温为17.9℃和23.7℃时，开花总日数分别达到最大值和最小值。花期平均气温低于20℃时，开花总日数明显增多，当花期平均气温高于22℃时，花期显著缩短。花期活动积温≥0℃，最大日较差的年际变化曲线则与开花总日数的年际变化曲线的趋势基本相同。因此，花期温度条件与花芽分化期的低温条件一样，是限制花期长短的主要气象因子。

荔枝开花期需要一定的有效积温，但品种之间差异很大，早熟品种对一定的积温较易满足，晚熟品种开花期对气温的要求较高，花期较晚。

②温度对花粉发芽的影响：通常授粉和授精都是紧密联系在一

起，但现实中授精比授粉对气象条件的要求还要高，能完成授粉，不一定能完成授精。

花粉发芽需要适当的温度。在一定温度范围内发芽率随着气温的变化呈相关关系，7℃以下不能萌发，10～15℃少数发芽，20～25℃最适宜发芽，30℃以上发芽又受到抑制。而通常荔枝开花期气温多在20℃以下，所以低温是坐果率的限制因子之一。

（2）降雨和光照

花期降雨及光照条件对花期长短、花量及花性的影响并不明显。这说明花期降雨及光照条件并不是开花的限制因子。然而，花期降雨及光照条件对荔枝开花天数和雄性比亦有间接影响。

沤花是指在开花盛期，连续阴雨，导致花朵霉烂。其原因主要是枝叶较密，果园不够通风，加上花穗较大，花量大，盛开时密集，雄花之间花丝互相交织而不易脱落，在连续阴雨的情况下积水霉烂，严重者会影响幼果发育甚至脱落。

焗花是指开花期连续高温干旱，或吹过夜的西南风，树体水分蒸发量大，花朵泌蜜量多，呼吸强度提高，盛开时花朵密集，更使局部温度增高而造成焗花，严重者也会影响幼果发育甚至脱落（图3-32）。

图3-32　开花期干旱、烈日暴晒，招致叶片和花穗受伤

132

防止沤花首先要重视树冠枝梢修剪，避免内部枝条太密，植株之间树冠要保持一定距离，使果园通风透光条件较好。其次，宜通过疏花减少花量，并防止花穗过短、密集。再次，雨后摇花。盛花期遇阴雨无风天气，特别是气温较高时，应注意对可能沤花的树进行人工摇花穗，抖落已开过而尚未脱落的大量雄花（图3-33、图3-34）。

图3-33 开花期阴雨时间长导致烂花

图3-34 雄花积聚影响幼果发育

防止焗花同样要使树冠通风透光。在荔枝开花盛期连遇高温干燥、吹过夜西南风的天气时，树冠应喷水降温和冲淡蜜糖浓度。土壤应淋水，保证树体所需水分，维持吸收与蒸腾的平衡，减轻因高温引起的伤害。

4．提高坐果率的辅助措施

（1）蜜蜂授粉的两面性

通过塑料网室单株隔离进行放蜂和不投放蜜蜂试验［蜜蜂是荔枝的主要传粉昆虫（图3-35至图3-41），成年荔枝村每亩放蜂两群即可满足授粉要求］，处理品种为三月红，分别开两次雌花。第一批雌花对照树结果率只占雌花量的0.9%，放蜂树结果率分别为22.2%和15.1%，比对照树高16～24倍。开第二批雌花时，对照树和试验树都有大量雄花伴开，气温回升，荔枝开花已达1个月，园中蜜蜂及其他昆虫活动大大增加，给授粉提供更加有利的条件。因此，对照株结果率提高至雌花量的17.8%，放蜂树由于有雌、雄花同时开放，又有大量蜜蜂传粉，结果率提高至雌花量的47.1%。另一放蜂树虽有雌、雄花同熟，但当时已将蜂群迁出网室，网室内只留很少量蜜蜂，因而影响传粉，造成结果率下降，只有雌花量的12.6%。隔离授粉试验的结果清楚地表明：

①开雌花时，与雄花相遇的数量虽少，时间虽短，但有蜜蜂的传粉，有充分利用花粉的机会，雌花仍能有较高的结果率。

②雌、雄花同时开放，虽能提供充足花粉，但减少蜜蜂等的传粉活动，结果率明显下降。

③大量雌、雄花相遇，又有大量蜜蜂等传媒活动，结果率明显提高。

蜜蜂传粉的副作用：荔枝是良好的蜜源果树，特点是蜜糖质量高，泌蜜量大，特别是当气温上升到28～32℃时，泌蜜量达到高峰，蜜糖甚至流到枝叶，一株约二十年生的荔枝树，可收蜜糖约1千克，但与此同时，由于大量的雌花通过充分授粉，坐果率大大提高，树体营养消耗量增加，难以适应过量的幼果同时发育，叶色转淡，短期内树势转弱，第一、第二期落果率明显增加，更有甚者，叶落枝枯，如果树体壮健，幼果量可以满足丰产需要，不必大量提高雌花坐果率。

图3-35　蜂巢在果园的分布

图3-36　蜜蜂正在采蜜

图3-37　蜜蜂采蜜后回蜂箱

图3-38　荔枝花粉粒

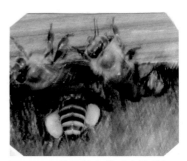

图3-39　花粉粒和蜂后脚的花粉团

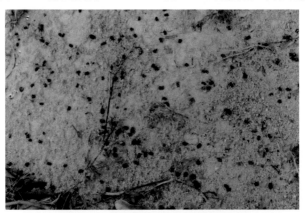

图3-40　遭农药毒害致死的大量蜜蜂

图3-41　蜂农收获蜂蜜

（2）人工辅助授粉

人工授粉是在缺乏蜜蜂等昆虫传粉时采用的一种人工辅助措施，将收集的花粉配成花粉水，直接喷到盛开的雌花上，效果良好。

简便有效的采粉法是一手托着装有半盆清水的塑料盆，另一手将当天盛开雄花的花穗浸入清水中，并轻轻摇动，将花粉洗入水中，直至清水呈淡黄色，经纱布过滤后即可喷在当天盛开的雌花上，随采粉随喷，雌花盛开期每天喷一次。也可将要开放的雄花剪下，贮藏待用。

荔枝园放养蜜蜂，可用脱粉板采粉法，即在蜂群进出的蜂箱门口安装脱粉板，该板用铁片制成，与蜂箱门等长，其上打2～3个直径4.5～5毫米、间距1.2毫米的圆孔，下方放一个小盒收集花粉。当蜜蜂通过圆孔进入蜂箱时，后足胫节携带的花粉团即被刮落。盛花期每天安装数小时，每箱蜂可采花粉团50～100克。荔枝花粉团含水量较多，特别是阴雨天采回的花粉，应放在干燥器内晾干，无干燥器时，可混入滑石粉，存放在阴凉干燥处。或用纸包妥后放在5～12℃的冷藏柜内备用。

授粉时气温以20～25℃为佳，晴天上午喷，低温（16℃以下）中午喷，雨天见晴喷。总共喷3～4次。若用纯花粉，约每结果50千克的树面用粉量为1克，也可再加入硼酸5克，搅拌均匀，随配随喷。

有时人工授粉效果不佳，可能受下列因素影响：气温在16℃以下，花粉发芽率很低；树势衰弱，雌花或雄花质量差；授粉量不足；不同品种，花粉与雌花亲和力低；所用水质差，影响花粉发芽。以上几方面在人工授粉时均应注意。

（五）保果壮果，保量保质

1. 果实发育

（1）有核荔枝果实发育

有核荔枝果实发育过程可分为三个阶段，以黑叶为例。

①胚和果皮、种皮发育阶段：这个时期自开花受精后子房开始发育至假种皮（果肉）明显出现。

开花后第一天，柱头变为褐色。开花后第四天，子房两室开始分大小。经隔离未经授粉的雌花子房两室不分大小。开花后10~14天发育的幼果呈绿豆大，少数子房两室能同时生长，多数此时分为大小各一，大的一室皮色鲜绿，生长迅速，小的一室皮色暗绿呈失水状，停止发育，继而脱落。果农称此时为"分大小"或"并粒"期，进行第一次大量生理落果。继续发育的幼果，种腔内开始出现液态胚乳。开花后21天种皮乳白色带浅青色，种腔内充满液态胚乳，球形胚出现。果实外形开始形成果肩，龟裂片突起明显，缝合线隐约可见。开花后24天，近一半种腔内有球形胚生长，并随着球形胚的发育，液态胚乳被吸收至逐渐消失。30天后，观察的种子全部可见子叶，其中1/5种子的子叶已占种腔内1/2空间，种子基部（种阜）开始外凸。开花后33天，绝大部分种子的子叶已占种腔2/3空间。假种皮开始出现，高0.15厘米，很薄，可与种核分离，但量极少。从观察的样品中，可看出生长正常的种核，其子叶先于果肉出现。发育不完全的种核在这一阶段，后期开始停止生长。这个时期种子和果皮之间有空隙，压之有不实感。这一阶段为第34天。

②子叶迅速生长阶段：这个时期自假种皮出现至种子发育基本完成。

开花后36天，假种皮围绕种核生长，高0.4厘米。此时生长迅速的种子，子叶已完全充满种腔，种皮乳白色带青绿色，质软，种核迅速增大增重。再过3天，种子更充实。果皮与种核之间不再存有外压不实感。开花后42天，种皮仍呈浅白色带青绿色，种核压之有弹性。

果实中部开始膨大，缝合线明显。开花后45天，种皮由质软变硬，并开始变为赤褐色。48天后，种核的纵横径和重量基本稳定，即使有些增加，数量也较少，不再以生长为主。种皮由乳白色带青绿色转为棕褐色，皮层较硬，种子趋向于老熟，发育基本完成。

此时假种皮包满种核，单果肉重5.89克，第二次生理落果停止，这一阶段共14天。

现实是，子叶（种子）的发育比假种皮（果肉）早，完成也早。果实发育第二阶段结束时，发育正常的种子，已能成长为正常的实生苗。半焦核或焦核的种子，随着假种皮（果肉）的出现和加速生长，种核逐步萎缩。

③假种皮迅速生长和果实成熟阶段：这个时期是从果肉包满种核至果实成熟采收。

种子发育基本完成后，树体的营养相对集中于果肉生长，在短短的20天中，果肉迅速增厚增重，而且由于果皮内的挤压出现皱褶，果皮变薄，种核变硬。开花后51天，部分果实近蒂部开始转红。经54天全部果实近蒂部转淡红色。再过3天，50%果实全果皮色开始转为淡红色，但食之无味。开花后60天，果肉可溶性固形物为16%，之后每隔3天分别提升为16.5%、17.5%，开花68天后采收，单果重16.7克，其中肉重11.5克，核重2.5克，可溶性固形物18%。这一阶段为20天。

从开花至果实成熟采收，荔枝果实生长发育的三个阶段各有特点，其生态生理的变化与营养的平衡密切相关。

通过对3个品种果实生长发育的观察，发现不论是早、中、晚熟品种，还是种子发育正常或种子败育，都呈单"S"形。在有果核生长的各个品种中，果实发育进程的三个阶段，第一和第三阶段基本相同，第二阶段因品种或果实而异。如糯米糍等品种败育型的种子，在果实发育的第二阶段胚芽已死亡（也有些是在第一阶段），以致种核停止生长，种腔内呈空虚或半空虚状态，并随着果肉生长挤压，种皮萎缩，体积变小成为焦核或半焦核。三月红果实

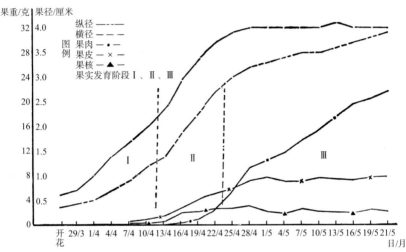

发育过程及发育情况见图3-42、图3-43。

图3-42　三月红荔枝果实发育过程观察

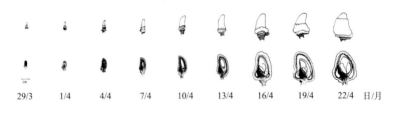

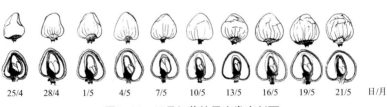

图3-43　三月红荔枝果实发育剖面

（2）无核荔枝果实发育

　　东莞市无核荔枝的母本树为海南省的野生荔枝。果实椭圆形，平均单果重为20～26克，最大单果重55.8克，果实大小与结果量有关。果皮鲜红色，肉质软滑带微香，可溶性固形物16%～17.5%，98%果实完全无核。无核荔枝的果实发育可分为两个阶段（图3-44至图3-47）。

第一阶段：果皮发育阶段。从雌花谢花后30天内，主要是果皮增大谢花后，胚囊一直不发育，保持原来大小，最后被果蒂包围而消失。随着果皮增大，胚囊周围出现较大空腔。

第二阶段：假种皮发育阶段。此阶段果肉形成并迅速增大，直至成熟。谢花后约30天，从胚的周围长出果肉，并逐渐充满空腔，形成无核果。有部分坐果后一直不长果肉，成为空壳果。

图3-44　东莞市无核荔枝

图3-45　中山市南朗镇无核荔枝

图3-46　无核荔枝果大，无核

图3-47　无核荔枝种核与有核荔枝种核大小的对比

2. 落果和裂果

（1）果实发育的生理落果期

俗说"荔枝十花一子"。荔枝授粉受精后，子房开始发育膨大，在果实发育过程中，有三次落果高峰期。

①幼果期落果。幼果绿豆大时大量脱落，其后直至第二次生理落果前也还有零星落果。其原因主要是受精不完全，幼胚发育终止，或养分不足。早熟品种若突然遇到倒春寒，落果更多。

②中期落果。这个时期种子迅速增大，果肉生长至种子高度1/3～2/3时有一次落果高峰。此时不能正常发育的种子胚死亡，胚珠变为褐色、萎缩，子叶停止生长，其原因主要是养分缺乏或激素失调造成落果。当果肉的生长包满种核时第二次落果即告停止。

③采果前落果。此时果肉已较饱满，果实糖分迅速提高，若久晴骤雨或连日下雨，树体吸水大量增加，会引起严重裂果、落果，

尤其在采果前10天内，不良天气会更加重第三次落果高峰。

在生产上荔枝果实不同生长发育阶段使用不同的外源保果剂是减少落果获得增产的途径之一。

（2）保果措施

①及时施入保果壮果肥，或喷根外肥，如0.4%腐熟的花生麸水。

②环割或环剥，壮旺树可采用后者或环割1～2圈。

③药物保果，每50千克水加入赤霉素溶液1克和2,4–D 0.25克，在果实绿豆大时喷雾（图3-48）。

④注意旱天灌水，大雨排除积水。

⑤及时防治病虫害，特别是霜疫霉病、蒂蛀虫、荔枝椿象、毛蜘蛛。

图3-48　喷农药和根外肥混合液保果

（3）裂果的主要影响因素和防裂措施

荔枝裂果的原因主要有四个方面：第一，品种特性。如红皮大糯比白皮小糯裂果轻，说明裂果与果皮弹性的大小有关。第二，水分失调。糯米糍、桂味等品种，大量裂果主要出现在果皮转红色至采果前，此时，果肉较饱满，糖分迅速增加，在久雨或久旱骤雨大雨时裂果便大量发生。第三，矿质营养失调，比例不当。如钾素含量过多，果皮虽厚但缺乏较大弹性，组织内含水率也较高。缺钙果皮硬度和韧性降低。第四，果皮受病虫为害。果皮细胞组织结构被破坏，彼此间的拉力减弱。

防止裂果的主要措施：

①植株生长过旺，不能偏施氮肥，要注意磷、钾、钙等多种肥料的配合施用，其他微量元素如硼、锌、镁等可通过根外追肥解决。

②果实发育期间要注意水分管理，幼果期主要是防旱淋水，通常清明阴雨季节过后，5—6月大气较干燥或土壤干旱，此时正是果皮细胞增殖和增大时期，干旱影响果皮生长，故旱天宜喷水、淋水。果实成熟后，吸水力增强，致裂果增多，故应平整果园，修通排水沟，排除积水。

③及时防治病虫，减少果皮伤口。各种病虫危害会破坏果皮组织结构，应及时喷药保护果皮。

④冬末春初做好树冠修剪，保持果园通风透光。

⑤喷洒防裂药物，如荔枝保果防裂素，可减少裂果发生。

果园水分管理得好，即使裂果较易发生的糯米糍，损失也可大为减轻，甚至避免。果农十分重视果园水分管理，多年来罕见大面积糯米糍荔枝裂果和落果特别严重的状况。

（4）病虫害防治与综合保果

①荔枝霜疫霉病：为害症状见图3-49、图3-50。

②荔枝果腐病：为害症状见图3-51。

图3-49 荔枝霜疫霉病受害树冠（罗启浩 供）

图3-50　荔枝霜疫霉病受害果实	图3-51　荔枝果腐病受害果实
（罗启浩　供）	（罗启浩　供）

③荔枝蒂蛀虫：形态特征与为害症状见图3-52。

1—成虫；2—卵（30倍）；3—幼虫；4—虫蛹及蛹茧；5—果实蒂部被害状。

图3-52　荔枝蒂蛀虫及其为害症状（罗启浩　供）

④中国荔枝瘿蚊：形态特征与为害症状见图3-53。

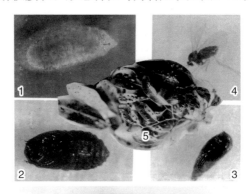

1—幼虫；2—预蛹；3—蛹；4—成虫；5、6—受害叶片。

图3-53　荔枝瘿蚊及其为害症状（罗启浩　供）

⑤荔枝小灰蝶：形态特征与为害症状见图3-54。

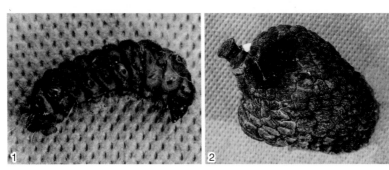

1—幼虫；2—受害果实。

图3-54　荔枝小灰蝶及其为害症状（罗启浩　供）

⑥荔枝小卷蛾：形态特征与为害症状见图3-55。

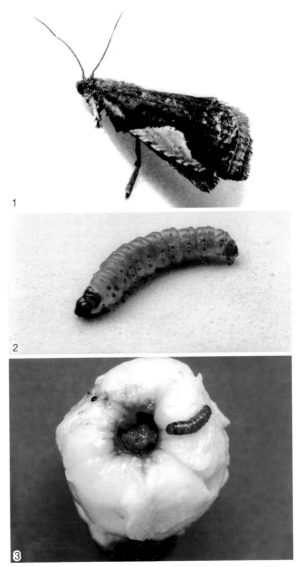

1—成虫；2—幼虫；3—受害果实。

图3-55　荔枝小卷蛾及其为害症状（罗启浩　供）

荔枝优质丰产栽培技术图说

⑦荔枝椿象：形态特征与为害症状见图3-56。

1—若虫；2—成虫；3—为害症状。

图3-56　荔枝椿象及其为害症状（罗启浩　供）

⑧金龟子：形态特征与为害症状见图3-57。

图3-57　金龟子幼虫及被伤害幼年树的根颈部（罗启浩　供）

⑨龟背天牛：形态特征与为害症状见图3-58。

148

1—成虫；2—幼虫；3、4—为害症状。

图3-58 龟背天牛及其为害症状（罗启浩 供）

（5）飞机喷药和肥料混合液

荔枝树体高大，尤其是成年树冠，枝多叶密，管理十分不便。通过应用飞机对荔枝综合保果技术的研究，开展通用航空服务新项目，对促进荔枝生产十分有意义（图3-59）。飞机喷药时间取决于荔枝生产的重要时段。

①花蕾期，第一次落果前，每亩使用10%高效氯氰菊酯8～12毫升（或90%晶体敌百虫40～50克）+尿素50克+磷酸二氢钾50克（或氯化钾75克）+赤霉素0.25克（或叶面宝5毫升）兑水至1～1.25升进行飞机喷药。可防治荔枝椿象的同时进行根外追肥，保花保果。

②中期落果前，每亩使用80%速溶性敌百虫50克+尿素40克+疏松土壤20克、30克、40克三个剂量分别兑水至2.5升进行飞机喷药，可治虫保果，提高果质。

③采收前15～17天，每亩使用10%高效氯氰菊酯6～8毫升兑水至2.5升进行飞机喷药，可防治荔枝蒂蛀虫。

应用飞机每架次喷400亩。设计飞机喷药作业时速为160千米，喷幅为45米，雾滴平均密度为27个/厘米^2，质量中值直径为239微米，均匀度为0.77。

图3-59　飞机喷药和肥液，综合保果

　　试验效果理想，荔枝椿象死亡率达89.6%，蒂蛀虫果减少49.1%～88%，根外追肥各元素比喷前提高6.2%～18.4%，加稀土组合坐果率连续2年提高5.5%～6.8%，并改善了果实品质。通过大面积反复试验，确认飞喷大大节省劳力、农药、肥料，降低成本，提高产量和果实质量。今后随着小型无人机在生产中的应用，飞喷技术在荔枝生产方面将有广阔的发展前景。

飞机喷药肥液效果好，但没有推广，其原因主要是荔枝园分散，且同一地段的树有结果的，也有没结果的，大树、小树等都混在一起，喷后要收回农药、肥料成本费相当困难。

应用无人机喷洒农药、肥料混合液有利于树体对混合液的吸收和降低成本。

3. 套袋护果

所用塑料袋为近圆筒形，大小约长35厘米、宽25厘米，其上打孔，孔距4厘米，孔径5厘米，斜行排列。套上果穗，上部束缚，下部略大，采果时果穗和纸袋一起摘下（图3-60至图3-63）。这样的做法虽增加成本和劳力，但能达到上述目的，更有较大经济效益。

据试验，套袋的果穗袋内的温度和湿度均高于袋外，与袋外比较，温度和湿度变化也较缓慢，一般袋内温度比袋外高2～3℃；阳光强时，可比袋外高5～6℃，相对湿度一般比袋外高8%～10%，天气变化大时，也高达12%。2年的试验，好果率比对照组高48%～72%，且皮色鲜红美观。经套袋的糯米糍果穗，不仅坐果率提高，而且果皮鲜红美观，在市场很受欢迎。

图3-60　荔枝套袋

图3-61　观察袋里温、
　　　　湿度的变化

图3-62　塑料袋内温、湿度均较袋外高

图3-63　塑料网袋护果，效果佳

四、荔枝生产回顾与展望

（一）近代的生产回顾

我国荔枝栽培，历史悠久、面积大、产量多、产值高。20世纪20年代，广东荔枝栽培就已遍及全省70余县，丰产年份价值达千万元。20世纪末至21世纪初，荔枝栽培面积有了新的发展，仅广东省截至2000年荔枝种植面积达474.8万亩、产量达64.7万吨，分别比1982年40.4万亩、总产量4.17万吨增加了11.75倍和15.5倍。

随着改革开放的发展，为把荔枝生产和科研水平提上去，1982年华南农学院（现华南农业大学）原副院长李沛文提议成立广东省荔枝科技协作组，得到省农委的支持，并落实由华南农学院和广东省农业厅（现广东省农业农村厅）牵头，成立了有27个单位参加的荔枝科技协作组，由李沛文教授任组长。之后，福建农学院（现福建农林大学）原院长李来荣向农牧渔业科技司提议成立全国荔枝科研协作组得到支持，由福建农学院牵头，全国六个产荔枝的省（区）参加，自此，全国荔枝生产和科研工作得到充分的重视（图4-1、图4-2）。

在新形势下，荔枝科技人员和果农加强了理论学习和实践操作，将室内和果园生产研究工作相结合，在荔枝生长发育规律、生理生化、栽培管理、病虫防治和果实保鲜等方面进行了大量研究，与此同时，各省（区）都重视科技管理工作的普及和提高。特别是主产区广东，制订了广东省荔枝丰产稳产常规管理措施，出版了《荔枝栽培技术问答》《荔枝科技通讯》等，促进了我国荔枝生产和科研发展。

图4-1　全国和广东荔枝协作组年会

图4-2　广东农业干部（荔枝）培训班

（二）未来的生产展望

1. 老弱树更新复壮

全国树龄超70年的荔枝老弱树估计超过100万株，立地土壤环境恶化，树体高大而绿叶层稀疏，占用面积大，管理困难，效益低微，不少管理者默认是正常现象，因而没有重视这些现象。

现已有实践证明，老弱树通过重度回缩更新，配合土壤改良，能激发潜伏芽萌发，形成新的树冠，恢复旺盛生长和结果能力，发挥其经济效益。

2. 矮化密植合理推广

荔枝属于大型常绿乔木，开花结果部位绝大多数在枝梢顶部。随着树龄的增加，绿叶层外移，花果着生部位距主枝干越来越远，树冠内部枝条的无效消耗增加，面对这种生长特性，栽培者往往是顺其自然，因而出现了枝梢的交叉和空间的争夺，形成果园平面结果，管理困难。因此，探索矮化密植，把大型的乔木树冠作为灌木型管理，保持枝梢各自的生长空间既利于丰产稳产，更便于对树体的管理，具极大的现实意义。

荔枝的矮化、密植、早结丰产、稳产栽培，早已得到果农和科技人员的关注并开展试验，已取得良好结果（图4-3）。

强调回缩修剪（包括重度回缩修剪）对荔枝促梢、成花、坐果和产量影响的进一步研究显得非常重要。不单要注意高产稳产，还要注意投入与产出的对比。

图4-3　荔枝密植矮化结果

3. 盆栽荔枝发展探索

每年荔枝鲜果上市期间，都有不少有关荔枝的报道，这种现象在其他水果上不多见。消费者的追求是无止境的，不仅想带回鲜果，还想带回盆栽鲜荔。盆栽荔枝生产方法：可先在结果树上选择合适的枝条，先行环状剥皮，经约2周后，在其上包扎含有机营养且较疏松的基质。待开花结果，果皮转红后锯下，自成一体，种入花盆即成。盆栽理想的品种是新兴香荔，该品种皮红、形美，单穗果量多、质佳，核极小，耐藏。正常生产季节盆栽荔枝的培育难度不大（图4-4）。

图4-4　盆栽荔枝的探索

4. 延长鲜果上市时间

我国荔枝分布地域广，如四川合江等地区具特殊的自然条件，使我国荔枝栽培的北缘地带向北推移。从南至北，反映了我国荔枝栽培有利的生态环境，若配合选用优良的特早熟、特迟熟品种进行经济栽培，将有可能使我国荔枝鲜果上市的时期大大延长。

海南岛是我国荔枝的原产地之一，具有极其宝贵的荔枝天然种质资源和广泛宜栽地区。充分利用该岛优越的生态条件、种质资源，引入适栽早熟品种，开拓我国早熟优质荔枝商品生产基地，将加强我国荔枝鲜果在国际市场的竞争力。

四川盆地特殊的生态环境，形成了川荔的迟熟性，同一品种比沿海产区迟熟约1个月，如大造品种在广东成熟期是6月上中旬，而在四川川南低海拔地区，则于7月中旬成熟，高海拔地区成熟期可延至7月下旬。

可见进行品种区划，充分利用我国丰富的品种资源、纬度差和海拔差的适栽生态环境，建立我国迟熟荔枝商品生产基地，对于延长荔枝鲜果上市期具有很大的意义。

5. 探索盆栽鲜果反季节上市

那些年，有一南半球从事荔枝科技工作的人员来广州考察，声称要把荔枝鲜果销往中国，笔者便问其为何特指中国，得到的答案是：荔枝鲜果果皮鲜红，在春节时中国人尤其青睐红色，并且广州话"利市"与荔枝极为相近，若有鲜红的荔枝上新增加新意，想必会极受欢迎。

之后，笔者试图从时间和理论上探索荔枝反季节上市的可能性。通过试验，结果远远超过预期。五月龄的糯米糍嫁接苗幼年树，超过一半于2月中旬即可开花，比大田生产的同品种糯米糍提早2个月以上。更难料到的是这种栽培方式花量很大，个别植株花量大到难以控制，从主干到各级分枝都可抽出很多花穗。疏除90条花穗，保留10条让其开花，但除几朵雄花外，其余均是雌花，其他植株的花性也类似。因缺雄花粉，经喷保果肥液之后，维持到绿豆大小的幼果全部脱落。通过室内初试，大田观察，得到以下结论：

①荔枝花芽形态分化，芽体萌动时段，其所需营养不在于是否高积累，而是在于可利用程度；而花穗发育是否壮旺，则取决于结果母枝的积累。

②冬季干旱淋水，目的在于促使树体养分转化为可被芽体利用的营养物质，进而促进花芽开始分化。

③花芽分化时段，若连续3天气温处于3～9℃，过后大田常温不超过20℃，经过2周，晚熟种充分老熟的秋梢可见"白点"。这种所需低温的作用，我们称之为"起动低温"。

④花穗大小、花量多少，除受结果母枝质量影响外，更重要的是温度的变化。若温度低，形态分化继续，花穗大，花量增加，雌性比低。

6. 建立完善荔枝产业链

现时荔枝产业链的运转，对促进荔枝产销发挥了积极作用。产业链顾名思义，包括了"产"和"销"，产是前提，销是基础。没有稳定的产量就没有稳定的鲜果，这一产业链就不存在。相较于其他水果，荔枝产量不稳定尤其突出，原因较多，其中最基本的原因就是生产投入和科学管理不足。通常在气候条件失调，导致当年减产的情况下，不仅影响当年的销售，也影响果农对果园的投入，或丰产后对树体缺乏科学管理，从而导致来年产量不稳定。

完善的产业链应该把生产管理的主要环节纳入研究的内容，有问题、有研究、有落实，包括生产资金的支持等，为的是确保产量并转为商品，而不是平时生产不闻不问，收获季节有多少产品，就收购多少转为商品，这样的产业链，只能说是商品流通，谈不上产业链。

附录
荔枝评奖标准

荔枝评奖标准见附表。

附表　荔枝评奖标准

评选项目		标准分数
果实外观40分	一、果穗 每穗5个果以上者为5分；每减少1个果扣1分	5
	二、果实大小 以100个果（整穗摘下）平均单果重20克为15分；每增（减）1克加（减）0.5分；11克以下为0分	15
	三、果实大小均匀度 10个最小果平均单果重小于样品果（100个），平均单果重在10%以内者为5分；超过10%的，每增加1%减0.1分	5
	四、果皮色泽 1.色泽鲜艳美观为5分；色泽不鲜艳的酌情扣分 2.着色均匀5分；着色较均匀4分；着色不均匀2分 3.无杂斑、无污染物为5分；每100个果有杂斑或污染物果占5%为4分；10%为3分；10%以上为0分	15
果实内质60分	一、果实质地 1.质地爽脆，无纤维感为10分；质地较爽脆，无纤维感为8分；质地软滑，无纤维感为6分；质粗韧为0～3分 2.剥开果皮不流汁为5分；剥开果皮稍流汁为2～3分；剥开果皮流汁为0～1分	15
	二、果肉风味 1.果肉清甜，风味浓郁为6分；果肉清甜，风味稍佳为4分；风味淡为3分 2.香味浓为4分；微有香味为3分；无香味为0～1分	10
	三、可食率 可食率75%以上者为15分，每增（减）1%加（减）0.5分	15
	四、可溶性固形物 可溶性固形物19%以上者为10分；每减少1%减1分；15%以下为0分	10
	五、焦核率 焦核率75%以上者为10分；每增（减）1%加（减）0.2分	10

注：首届中国农业博览会优质产品荔枝评比标准（1992年8月）。